INTRODUCTION

A

L'AQUICULTURE GÉNÉRALE

MÉMOIRE COURONNÉ
par la Société centrale d'Aquiculture de France
1re MÉDAILLE D'OR, 1902

Précédé d'une Esquisse géologique de M. Ph. Glangeaud

Professeur adjoint à l'Université
Vice Président de la Société géologique de France

PAR

Ch. BRUYANT,
*Professeur suppléant à l'E-
cole de Médecine. Sous-Directeur de la Station limnologique de Besse.*

J.-B.-A. EUSEBIO,
*Licencié ès-Sciences naturelles.
Secrétaire général de la Société de Pêche et de Pisciculture du Puy-de-Dôme.*

CLERMONT-FERRAND

LOUIS BELLET, IMPRIMEUR-LIBRAIRE

Avenue Carnot, 4

1904

MATÉRIAUX POUR L'ÉTUDE

DES

RIVIÈRES ET LACS D'AUVERGNE

RIVIÈRES ET LACS D'AUVERGNE

INTRODUCTION

A

L'AQUICULTURE GÉNÉRALE

MÉMOIRE COURONNÉ
par la Société centrale d'Aquiculture de France
1re MÉDAILLE D'OR, 1902

PAR

Ch. BRUYANT,
Professeur suppléant à l'Ecole de Médecine, Sous-Directeur de la Station limnologique de Besse.

J.-B.-A. EUSEBIO,
Licencié ès-Sciences naturelles, Secrétaire général de la Société de Pêche et de Pisciculture du Puy-de-Dôme.

CLERMONT-FERRAND

LOUIS BELLET, IMPRIMEUR-ÉDITEUR
Avenue Carnot, 4.

1904

En donnant à ce modeste travail le titre d'Introduction à l'Aquiculture générale, nous avons simplement voulu préciser quelle conception nous nous faisions de cette dernière.

La culture générale d'un réseau hydrographique, qui doit avoir pour résultat le repeuplement, suppose la connaissance exacte de ce réseau, celle des conditions de milieu offertes au développement de la vie, enfin celle des relations bionomiques qui rendent solidaires toutes les espèces de la Flore et de la Faune.

Un tel sujet est sans doute très étendu. Nous avons seulement cherché à le jalonner, en résumant les documents actuels.

Rédigé suivant le programme tracé par la Société centrale d'Aquiculture et de Pêche de Paris, ce travail tend ainsi à mettre au point, pour l'année 1902, les données que nous possédons sur les rivières et les lacs de la région des Monts Dômes et des Monts Dore. Il pourrait tout aussi bien être considéré comme un Guide du travailleur à la Station limnologique de Besse, fondée précisément en vue de l'étude scientifique et pratique de nos eaux.

Clermont-Ferrand, 1903.

—

INTRODUCTION A L'AQUICULTURE GÉNÉRALE

INTRODUCTION [1]

Esquisse géologique [2]

Le massif du Mont-Dore et les monts Dômes, ou chaîne des Puys, forment, dans le département du Puy-de-Dôme, deux groupes de montagnes volcaniques assez différentes, dont la configuration topographique s'explique aisément par la géologie.

Le massif du Mont-Dore représente un ensemble volcanique assez ancien, aujourd'hui démantelé ; la chaîne des Puys, au contraire, qui n'a pas été usée par le temps, contraste par l'état de fraîcheur de ses formes topographiques.

Massif du Mont-Dore

GÉNÉRALITÉS. — Ce massif présente une forme ellipsoïde dont le grand axe (N. S.) mesure 32 kilomètres et le petit axe (E. O.) 25 kilomètres. Il a été comparé, quelquefois à tort, à l'Etna qui est trois fois plus considérable, car il est assez

[1] Nous ne pouvons donner ici d'indications bibliographiques détaillées. Disons seulement que la géologie des régions que nous considérons a été faite surtout par Poulett Scrope, Lecoq et principalement par M. Michel Lévy. MM. Julien et Boule se sont principalement occupés des formations glaciaires et des éruptions boueuses.

[2] Ce chapitre a été rédigé par M. le professeur Glangeaud, de l'Université de Clermont, qui a bien voulu mettre au point cette esquisse géologique.

complexe au point de vue géologique. Il résulte, en effet, de la juxtaposition de plusieurs centres éruptifs distincts et n'offre pas la belle unité du Cantal ; aussi son hétérogénéité se traduit-elle, d'une manière frappante, dans les détails de son modelé.

Toutefois, dans son ensemble, il se montre sous la forme de deux troncs de cônes, accolés par leur grande base, entaillés de profondes vallées, qui pénètrent jusqu'au cœur du massif et permettent d'observer sa constitution.

Les pentes du sud se relient aux pentes inverses du Cézallier qui est, pour ainsi dire, le trait d'union le soudant au grand volcan du Cantal.

Le flanc nord s'étend, assez loin, jusque sous la chaîne des Puys, tandis qu'à l'O. les coulées les plus basses se continuent par les contreforts cristallins de la Corrèze, et qu'à l'E. elles dominent le bassin tertiaire d'Issoire.

Géologie. — Les études géologiques, pétrographiques, orographiques, hydrographiques, etc., permettent de croire que le massif du Mont-Dore comprend deux centres éruptifs principaux auxquels on pourrait donner les noms de *massif du Sancy* au sud, et de *massif de la Banne d'Ordanche* au nord. De ces deux centres, qui sont en même temps deux points élevés de la région, partent des coulées de lave qui rayonnent dans tous les sens. Une notable partie des laves issues du second centre ne se retrouvent pas dans le premier.

En dehors de ces deux volcans principaux, qui étaient soudés l'un à l'autre et constituent une notable partie du massif, il existe un groupe de points éruptifs greffés sur le flanc E., qui s'étendent entre le puy de l'Angle et le puy de Pessade, et dont le centre se trouve au puy de la Croix-Morand. Ces points d'éruption excentriques ont donné des dykes de lave généralement trachytiques ou des coulées de trachyte, d'andésite et de basalte plus ou moins étendues et qui ont dû être primitivement coalescentes.

Ces volcans adventifs, réduits parfois à l'état de *necks*,

troublent, vers l'E., l'allure topographique assez régulière des volcans de la Banne d'Ordanche et du Sancy.

Le massif du Mont-Dore est assis sur un socle de roches cristallines dont l'altitude moyenne est de 1.000 mètres et dans lesquelles domine le granite. Le gneiss et les micaschistes sont moins bien représentés.

C'est à la fin du miocène qu'eurent lieu, comme dans le Cantal, les premières éruptions de ce massif. Le soulèvement des Alpes, dont le contre-coup modifia si profondément la topographie du Massif Central, fut vraisemblablement une des causes principales des éruptions des volcans du Mont-Dore.

Elles débutèrent par de petits volcans isolés (Rochefort), qui furent ensuite ensevelis sous des coulées de lave ; puis, à la Banne d'Ordanche, près de La Bourboule, par des sorties de roches acides assez spéciales de couleur variable (blanche, rouge, noire), connues sous les noms de *rhyolite*, de *perlite* (ravin de l'Usclade et de la Gâcherie), et se continuèrent par des éruptions de *phonolite* et de *trachyte*, noyés au milieu de *cinérites* acides. Il y eut ensuite un arrêt dans l'activité éruptive, qui se manifesta dans toute son ampleur au pliocène inférieur.

Les deux centres éruptifs de la Banne d'Ordanche et du Sancy fonctionnèrent ensemble ou successivement, en donnant alternativement des pluies de cendres, mélangées à des blocs arrachés de la profondeur (*cinérites*), qui entrent pour une large part dans la constitution du massif et des coulées de laves de nature différente.

L'entassement des produits volcaniques, autour des deux centres de sortie principaux, forma les deux volcans du Sancy et de la Banne d'Ordanche, sur les flancs orientaux desquels étaient accolés les volcans adventifs de la région du puy de l'Angle, de la Croix-Morand et de Pessade. La sortie des laves de ces derniers cônes éruptifs fut probablement synchronique de celle des premiers.

On peut essayer de se représenter, au moment de sa complète édification, l'ensemble volcanique du Mont-Dore sous la forme de deux grands cônes, un cône sud (cône du Sancy) dont l'altitude atteignait environ 2.500 mètres, et un cône nord (cône de la Banne d'Ordanche) de 2.000 mètres de haut, flanqués vers l'E. d'une série d'éminences représentant des cônes adventifs ayant donné des dykes ou des coulées de lave plus ou moins étendues.

La série volcanique du Sancy comprend de bas en haut : des *labradorites*, des *basaltes inférieurs*, des *andésites*, des *trachytes* et enfin des *basaltes supérieurs*. La coupe que l'on peut relever à la grande Cascade est très instructive à cet égard.

La série de la Banne d'Ordanche est assez différente. Elle est formée de bas en haut : de *trachytes* plus ou moins vitreux, de véritables *roches porphyriques (microgranulites* et *micropegmatites)*, de *basaltes demi-deuil* (*ophitiques*), d'*andésites à haüyne*, de *phonolites* et de *basaltes supérieurs*. Sur le flanc nord, il n'y a pas moins de cinq niveaux basaltiques bien différenciés.

Les cônes adventifs donnèrent des laves se rapprochant beaucoup de celles de la Banne d'Ordanche, mais parmi lesquelles dominent cependant les *trachytes*. Cette dernière roche constitue aujourd'hui la plupart des sommets du massif du Mont-Dore : le pic de Sancy, le puy Ferrand, la montagne de Bozat, le Capucin, le puy Gros, les puys de l'Ouïre, de l'Aiguillier, de Pessade, de Baladou, de Mone, du Barbier, de l'Angle, etc.

L'*andésite*, plus résistante, couronne les sommets du puy de Paillaret, de Chagourdet, de Cuzeau.

Enfin, le *basalte*, qui est la roche éruptive la plus récente, a disparu du centre du massif, décapité par l'érosion. Il ne forme plus qu'une ceinture autour du groupe montagneux. Cependant, les lambeaux que l'on trouve encore en quelques points élevés, jusqu'à plus de 1.600 mètres, témoignent de son ancienne extension. Citons les puys de Chambourguet, de Cliergue, de la Croix-Morand, de Cornillou, du Verdier et de la Banne d'Ordanche qui doivent leur conservation à cette couverture de roches très résistantes. Un certain nombre de ces sommités s'alignent pour constituer la ligne de partage des eaux entre les bassins de la Loire et de la Garonne.

Il faut faire une mention à part à quelques dykes *phonolitiques* qui ont percé toutes les roches antérieures aux basaltes et qui se présentent actuellement sous forme d'énormes pylones formés par des gerbes de prismes : tels sont les dykes si pittoresques des roches Tuilière, Sanadoire et Malleviale.

La série des roches éruptives du Mont-Dore s'étage entre le miocène supérieur et le pliocène supérieur. Dans l'intervalle des périodes éruptives, les flancs des volcans se couvraient d'une végétation qu'une nouvelle éruption venait ensevelir. Ainsi a été conservée, au milieu des cinérites, une flore qui a été synchronisée avec celle du pliocène inférieur et moyen, et qui comprenait des bambous, des érables, etc., indiquant un climat plus chaud que le climat actuel. On constate le même fait dans le massif du Cantal.

A la fin du pliocène, les flancs du groupe volcanique du Mont-Dore furent envahis par les glaciers, qui transportèrent au loin les blocs détachés des hauts sommets, sillonnèrent les vallées qui entaillaient le massif et formèrent des moraines plus ou moins bien conservées (vallées de la Dordogne, de Chaudefour, etc.). C'est principalement sur le flanc ouest du massif que l'action des glaciers est la mieux marquée.

Les environs de Bort, de Champs et toute la région de l'Artense sont encombrés de débris de moraines et couverts d'une infinité de buttes cristallines moutonnées, striées, usées et polies par les glaciers. Le paysage de cette contrée éminemment pittoresque rappelle, dit M. Boule, certains paysages glaciaires de la Finlande.

Au commencement du quaternaire, le massif du Mont-Dore devait avoir une physionomie assez semblable à celle qu'il possède actuellement.

Le réveil de l'activité éruptive qui donna naissance à la chaîne des Puys, amena la réouverture d'anciennes fractures par lesquelles eurent lieu de nouvelles sorties de laves (basaltes). C'est à cette époque que vinrent se greffer sur les flancs

du volcan à demi-ruiné les petits volcans de Servière, de Com-
péret, d'Ebert, d'Orcival, de la Godivelle, de Montchalm et de
Montcineyre. Ces deux derniers donnèrent des coulées, s'étendant assez loin, au fond des vallées creusées dès cette époque (coulée de la Couze Pavin et coulée de la Couze de Compains).

Les modifications apportées au massif du Mont-Dore depuis
ce moment sont insignifiantes. Toutefois, les alternatives de
gelées, de pluies et de chaleur usent de plus en plus les hauts
sommets pendant que l'eau des torrents ravine profondément
les cinérites. Il ne semble pas qu'il faille une longue série de
siècles pour décapiter le pic de Sancy et amener la réunion
des deux vallées de la Dordogne et de Chaudefour.

La chaîne des Puys

GÉNÉRALITÉS. — La chaîne des Puys ou monts Dômes, située
un peu au nord du massif du Mont-Dore et de direction générale N. S., comprend plus de soixante volcans échelonnés sur
35 kilomètres de long et 5 de large. Elle n'offre généralement
en largeur que deux cônes éruptifs, rarement un seul ou
trois.

Cette curieuse guirlande volcanique est assise sur un socle
de roches granitiques, de terrain primitif (gneiss et micaschistes), de précambrien, percés de filons de granulite, de
kersantite et de porphyre. Elle domine : à l'ouest, la vallée
de la Sioule, à l'est, le bassin tertiaire ; mais tandis que le
soubassement se relie à la première par des pentes relativement faibles, il offre au contraire un escarpement prononcé
à sa limite avec la Limagne.

A l'est de la série des monts Dômes court une bande de
terrains cristallins, plus élevée d'environ 100 mètres que la
base des volcans et échancrée d'un certain nombre d'entailles
est-ouest, faites par l'érosion et se prolongeant par des vallons profonds jusque dans la Limagne. La chaîne éruptive
des Puys n'est donc pas installée, comme on l'a dit, sur la

partie la plus élevée de la région cristalline séparant la Limagne de la vallée de la Sioule, mais à l'ouest et, en général, assez au-dessous de ce faîte. Cette disposition permet de comprendre pourquoi les matières fondues se sont épanchées largement, vers l'ouest, où rien ne venait les arrêter et où elles forment du nord au sud comme une vaste nappe longue de 30 kilomètres de long de coulées de nature variée et coalescentes, tandis *qu'elles n'ont pu se diriger, vers l'est,* que grâce aux *échancrures,* aux vallées, entaillées dans la partie cristalline axiale.

Si l'on part de la Limagne et que l'on s'élève, sans suivre les vallons, jusqu'aux points les plus élevés de la région cristalline, on traverse une série de gradins plus ou moins émoussés par l'érosion, en relation avec les dislocations du sol, et dont deux, au moins, sont d'une netteté remarquable. Le premier surplombe la Limagne d'environ 200 mètres. Le second constitue le gradin supérieur, à l'ouest et au pied duquel s'étend la chaîne des Puys, tandis qu'à l'est s'échelonnent symétriquement une série de points éruptifs de faible étendue.

La limite du terrain cristallin et de la Limagne se fait par une grande faille (faille occidentale de la Limagne) de plus de 60 kilomètres, le long de laquelle le bassin tertiaire s'est effondré. C'est par cette cassure que sont sorties les laves des volcans de Gravenoire et de Beaumont, et c'est par une série de failles parallèles qui découpent le tertiaire en voussoirs successifs, qu'arrivent au jour un grand nombre de sources minérales (Royat, Châtelguyon, Clermont, etc.). Ce sont là des failles éruptives et hydrothermales.

Il semble bien que le socle cristallin a été découpé de la même façon que la Limagne en une série de gradins, dont l'ensemble figurerait un pli *anticlinal* morcelé, tandis que la Limagne pourrait être considérée comme un grand pli *synclinal.* La série volcanique des Puys serait sur un de ces gradins, au pied d'un voussoir surélevé. Le tassement des voussoirs, les uns par rapport aux autres, dut contribuer, dans une assez large mesure, à la sortie de matières fondues.

Un coup d'œil sur la chaîne des Puys laisse voir ces volcans *alignés, par groupes, suivant des directions N. N. O. et N. N. E.,* qui sont les directions des plis et des cassures hercyniennes. Ils paraissent donc installés sur une série de diaclases anciennes qui ont rejoué à l'époque tertiaire et au quaternaire. Ces diaclases étant des plans de moindre pression devaient facilement servir de cheminée d'ascension aux matières fondues, comme on l'a constaté dans d'autres régions : l'Italie, l'Islande, etc.

L'altitude moyenne des monts Dômes est de 1.150 mètres, mais un certain nombre dépassent 1.200 : puy de Pariou 1.210, puy de Montchier 1.215, puy de Laschamps 1.260 ; enfin le puy de Dôme, le géant de la chaîne, situé dans une position assez centrale, dresse sa cime jusqu'à 1.465 mètres et les domine tous de plus de 200 mètres.

Forme des volcans. — Au point de vue de la forme, on doit distinguer les volcans *domitiques* qui sont plus anciens, des autres volcans, généralement à *cratère,* qui sont bien conservés. Les volcans domitiques ont des aspects variés : ils sont parfois irréguliers et constituent d'importantes masses rocheuses, comme le puy de Dôme, qui a dû atteindre une hauteur d'environ 1.800 mètres. D'autres fois, ils ont l'aspect d'une coupole plus ou moins régulière (puys de Sarcouy et de Clierzou). Ces volcans, constitués par une roche acide, très poreuse, appelée *domite,* et des scories, sont les ruines de volcans pliocènes. Ils possédaient un cratère, comme les volcans quaternaires, et certains sont constitués par des alternances de coulées et de couches de scories (Chaudron). Le Puy de Dôme comprend une cheminée (neck) remplie de lave domitique compacte, flanquée de projections domitiques.

L'état de fraîcheur des volcans à cratère est parfois remarquable. Ils ont éclaté, pour la plupart, au milieu d'une région domitique démantelée comprenant des coulées et des dépôts d'atterrissement. Les cratères, souvent bien conservés, atteignent des profondeurs allant jusqu'à 100 mètres (puy de Pariou). Les puys de Côme et de Pariou montrent deux cratères concentriques emboîtés, d'autres, comme les puys de la Nugère et de Louchadière, ont été en partie démolis par la sortie des laves. Ceux de la Vache et de Lassolas ont été éventrés par la pression des matières fondues et égueulés jusqu'à leur base, où l'on observe l'extrémité de la cheminée volcanique, le neck formé par un culot de lave. Plusieurs offrent deux ou trois cratères accolés ; tels sont les puys de Barme, de Montgy, de Montchier, qui ont dû fonctionner successivement ou simultanément.

Coulées. — Les coulées sont de nature différente. Si l'on place à part les volcans domitiques, on peut dire que les éruptions qui ont donné naissance à la chaîne des Puys ont fréquemment débuté par des éruptions basiques (*basaltes* inférieurs). Tel est le puy de Pariou, ceux de Côme, de la Nugère, de Louchadière. Puis sortirent des laves plus acides, des *andésites* (puys de Pariou et de la Nugère), des *labradorites* (puys de Côme, de Louchadière, de la Raviole). En dernier lieu il y eut une récurrence de laves basiques (*basalte* supérieur) (puys de la Vache, de Lassolas, petit puy de Dôme, Tartaret, etc.). Un même volcan a donné parfois des laves de deux ou trois natures différentes, souvent il n'a formé qu'une coulée, mais les plus importants en ont donné deux, trois (puys de Côme, Pariou, la Nugère). Les volcans de Barme et de Montgy sont des plus typiques à cet égard, car ils laissent voir les coulées superposées, de composition un peu variable et si bien conservées qu'on les croirait actuelles.

Les coulées couvrent souvent de vastes étendues, comme celles des puys de Côme, de Barme, de Louchadière, de plusieurs kilomètres de large et 5 à 8 kilomètres de long. Elles descendent parfois jusqu'à la Sioule. Vers l'est, au contraire, elles sont resserrées au fond de vallées étroites et profondes, à pente rapide, et constituent comme de longs boyaux de matières fondues qui n'ont pu s'étaler qu'en arrivant dans la plaine de la Limagne (coulée inférieure de la Nugère, du puy de la Raviole, du petit puy de Dôme, du Pariou).

Certaines de ces coulées constituent des régions arides, cahotiques, de véritables déserts de pierres, sur lesquels ne croissent que des lichens et quelques mousses, et dont l'aspect sauvage et désolé tranche sur la contrée environnante généralement cultivée. Les cheires d'Aydat, celle de Louchadière dont le volume a été évalué 150.000.000 de mètres cubes et qui ne couvrent pas moins de 15 kilomètres carrés, sont des plus typiques à cet égard.

HYDROLOGIE, GLACIÈRES NATURELLES. — Si l'on songe que les courants de matières fondues se sont épanchés fréquemment dans des vallées, parcourues par des cours d'eau, il est permis de supposer qu'elles n'ont pas changé le réseau hydrographique de la région, et qu'elles n'ont servi que de toit, de voûte, aux ruisseaux dont les eaux doivent encore circuler au-dessous d'elles. C'est en effet ce que l'on observe, car à l'extrémité de la plupart des coulées on voit réapparaître ces ruisseaux qui constituent des sources d'une fraîcheur et d'une limpidité remarquables. Elles ont été, en effet, admirablement filtrées à travers les laves et les scories qui sont poreuses (sources de Royat, sous la coulée, du petit puy de Dôme; sources de Nohanent, sous la coulée du Pariou ; sources de Sayat, Blanzat et Malauzat, sous la coulée du puy de la Raviole; sources de Mazayes, sous la coulée de Louchadière, etc.). A la surface de certaines coulées il se produit un phénomène des plus curieux. Aux points où la couche de lave est peu épaissé et dans des cavités situées sur la coulée, l'eau monte à la surface par capillarité, en raison de la porosité de la lave. S'il fait *très chaud*, cette eau s'évapore rapidement en produisant un abaissement de température suffisant pour la congeler. Ainsi se forment des *amas de glace* durant les *plus chaudes journées de l'été*, pendant lesquelles l'évaporation est très active. Le fait peut être constaté près de Pontgibaud et de Chambois, dans la coulée de Louchadière; dans la cheire d'Aydat et dans celle de la Nugère.

Petite chaîne des Puys. — Il existe, à l'ouest de la vallée de la Sioule, une série de volcans (volcan de Banson, de Neufons, de Lavialle, de Chalusset), de direction générale N. S., comme ceux de la chaîne des Puys, mais moins bien conservés. Ils paraissent un peu antérieurs aux volcans à cratère et sont probablement d'âge pliocène supérieur. Leurs coulées ont été parfois assez fortement découpées par l'érosion. Ils forment une traînée éruptive, à laquelle je donne le nom de *petite chaîne des Puys*, car elle forme le pendant de la chaîne des monts Dômes par rapport à la Sioule.

ORIGINE GÉOLOGIQUE DES LACS DU MASSIF DU MONT-DORE ET DE LA CHAÎNE DES PUYS

Un grand nombre d'auteurs se sont occupés de cette question, en particulier Lecoq, MM. Delebecque et Berthoule. M. Boule en a, le premier, donné une classification rationnelle; c'est elle que nous suivons ici.

1° Lacs ayant une origine volcanique

A) Lacs remplissant un cratère. — Un cratère affectant généralement la forme d'une coupe circulaire, le lac qui le remplit doit épouser cette forme. C'est ce que l'on constate dans le lac de *la Godivelle d'en-haut*. — *La narse d'Espinasse*, au pied du puy de l'Enfer, se présente dans les mêmes conditions, mais la moitié du cratère paraît avoir été emportée par explosion, de sorte que le lac, aujourd'hui réduit à un marécage, n'est bordé par le cratère que sur la moitié de son pourtour ; c'est une des raisons qui l'ont empêché de se maintenir à l'état de lac. Je place avec doute le lac de *Servières* dans cette catégorie ; je croirais plus volontiers qu'il occupe la dépression comprise entre les deux cônes volcaniques de Servières et de Comperet.

B) Cratères d'explosion ou d'effondrement. — Ces lacs ont un facies assez spécial; ils se montrent avec des parois escarpées et présentent souvent une grande profondeur et un fond assez plat. Ils rappellent les lacs célèbres de Nemi et d'Albano dans les monts du Latium. M. Boule les regarde comme produits par effondrement. Les avis sont partagés à l'étranger sur l'origine des lacs analogues. Au type de ces lacs appartiennent le *Pavin*, au pied du puy de Montchalm, le *gour de Tazenat*, à l'extrémité nord de la chaîne des Puys et peut-être le lac Chauvet.

C) LACS DE BARRAGE. — 1. Les *coulées* volcaniques se sont parfois étendues au travers d'une vallée qu'elles ont barrée, ce qui a permis à l'eau située en amont de s'accumuler devant cette digue et de former un lac. Ainsi ont pris naissance le gracieux lac d'*Aydat* formé par le barrage des coulées des puys de la Vache et de Lassolas, les lacs de *la Cassière*, de *Côme*, de *Guéry*, de *la Landie*. Les lacs anciens de *Randanne*, de *Verneuges*, de *Ceyssat*, aujourd'hui asséchés et remplis de randannite et de tourbe, peuvent être classés dans la même catégorie.

2. D'autres fois, c'est un *cône volcanique* qui s'est dressé au milieu de la vallée et a retenu les eaux venant de l'amont. Les lacs *Chambon* et de *Montcineyre* sont dans ce cas. Il est bon de remarquer ici que ces lacs ne peuvent pas persister aussi longtemps que les précédents, car la digue qui leur sert de limite est formée de substances poreuses et éminemment meubles, comme les scories volcaniques. C'est ce qui s'est produit au lac Chambon, qui était jadis plus étendu, puisqu'il atteignait le village du Chambon. Ces lacs sont destinés à disparaître dans un temps peu éloigné.

3. Il arrive maintes fois que les coulées volcaniques en se juxtaposant délimitent des espaces creux plus ou moins étendus dans lesquels l'eau vient s'accumuler pour former des lacs, des étangs, des mares. Un grand nombre de dépressions de cette nature s'observent sur les flancs sud du mont Dore et sur ceux du Cézallier. Il faut citer les lacs de *Bourdouze*, des *Esclauzes*, de *Chambedaze* et de *la Godivelle d'en-bas*.

Une même coulée volcanique par son bossellement, son irré-

gularité, présente aussi dans certains cas des cuvettes naturelles retenant l'eau de pluie. Ainsi se forment des marécages
qui peuvent ensuite s'assécher, et dans lesquels se dépose la
tourbe, la randannite, comme dans l'ancienne coulée du puy
de la Vache, à Rouillat.

2° Lacs d'origine glaciaire

D'après M. Boule, « ces lacs ne se rencontreraient que sur
les plateaux où l'on observe des traces d'une puissante extension glaciaire, antérieure au creusement des vallées actuelles.
Ils seraient formés en partie par des barrages morainiques et
en partie par des excavations pratiquées dans la roche dure
(gneiss ou basalte). Autrefois beaucoup plus nombreux, ils ont
été en partie transformés en tourbières. Les lacs de *la Crégut*,
de *Laspialade*, des *Bordes,* se présentent de cette façon. »

PREMIÈRE PARTIE

LES RIVIÈRES

CHAPITRE I

Orographie et Hydrographie

Bassin de l'Allier, bassin de la Sioule, bassin de la Dordogne

L'orographie et l'hydrographie du massif du Mont-Dore et de la chaîne des Puys sont sous la dépendance directe de leur constitution géologique.

Le massif du Mont-Dore, formé par la réunion de plusieurs centres éruptifs, possède un réseau hydrologique assez complexe. Les plus profondes vallées qui l'entaillent sont celles qui s'irradient du centre du massif du Sancy (ancien centre volcanique) et constituent au nord et à l'est les pittoresques vallées de la Dordogne et de Chaudefour. Au sud il est bossué assez irrégulièrement, aussi son système hydrologique est-il moins précis. La pente principale vers le nord du groupe éruptif Banne d'Ordanche-puy de Baladou, a déterminé un véritable éventail de vallées qui convergent dans celle de la Sioule dont la direction oscille entre le nord-est et le nord-ouest.

Le soubassement de la chaîne des Puys forme comme un dos d'âne de direction nord-sud et de 30 kilomètres de long, sur les flancs duquel s'écoulent à l'ouest les ruisselets qui descendent dans la Sioule, à l'est les ruisseaux qui se jettent dans l'Allier.

« L'abondance des sources dans les parties élevées du massif du Mont-Dore est un phénomène caractéristique. Presque en toute saison, d'innombrables filets d'eau limpide sourdent sous le gazon, s'échappent des pentes rocheuses et ruissellent de tous côtés. Le grand volcan formé de roches agglomérées, présentant divers degrés de perméabilité ou de coulées toutes fissurées, revêtu de forêts ou de gazons, est comme une éponge gigantesque, toujours humide, qui entretient partout la fraîcheur et conserve au massif un aspect verdoyant, même quand les régions voisines sont brûlées par le soleil. Par suite de leur jeunesse relative, les cours d'eau n'ont pas eu le temps d'accomplir leur œuvre érosive ; ce sont des torrents dont le cours rapide est agrémenté de lacs, de cascades et d'autres accidents pittoresques. Sur les plateaux soumis autrefois à un régime glaciaire, l'hydrographie offre aussi des caractères particuliers : écoulement difficile et indécis des eaux atmosphériques, et, par suite, abondance des lacs, des marais et des tourbières ; vallées sèches représentant d'anciens lits de rivières obstruées par des moraines, etc. » (1).

Les eaux du massif mont-dorien se répartissent entre les bassins de la Dordogne et de l'Allier. Celles de la chaîne des Dômes sont drainées, à l'est par l'Allier, à l'ouest par la Sioule qui rejoint la rivière précédente dans le département du même nom.

Au point de vue où nous nous plaçons, l'Allier, la Sioule et la Dordogne constituent ainsi les grands collecteurs de la région, l'Allier méritant une place à part à cause de l'importance de son cours et de ses caractères biologiques.

Vague et indécise sur les grands plateaux méridionaux, sur la steppe auvergnate, pour employer la pittoresque expression d'Ajalbert, la ligne de séparation du bassin de la Dordogne et du bassin de l'Allier devient nette dans le massif du Mont-

(1) *Le Puy-de-Dôme et Vichy*, Guide du Touriste, du Naturaliste et de l'Archéologue, par Boule, Glangeaud, Rouchon, Vernière ; Paris, Masson, 1901.

Dore (1). Jalonnée d'abord par les sommets de la Perdrix
(1731), du Ferrand (1846), de Cacadogne (1791), Cuzeau (1794),
de l'Angle (1728), de Monne (1714), de la Tache (1636), de la
Croix-Morand (1513), de l'Aiguiller (1547), elle s'infléchit au
col de Guéry (1265), pour se relever au puy Loup (1479), à la
Banne d'Ordanche (1515) et gagner ensuite, au nord-ouest,
les terrains primitifs où se ramifient et s'enchevêtrent les
branches d'un réseau très complexe.

Bassin de l'Allier

ALLIER. — L'Allier prend sa source à la forêt de Mercoire,
dans les Cévennes, et parcourt un trajet de 485 kilomètres
avant de se jeter dans la Loire. C'est en somme le cours d'eau
le plus important de la France centrale : « On pourrait démontrer, en effet, que la Loire a usurpé le titre de fleuve.
Raisons géologiques, géographiques, peut-être même hydrolo-
giques, sont en faveur de l'Allier dont l'antiquité est beaucoup
plus grande que celle de la Loire et dont la vallée se trouvait
esquissée dès la fin des temps primaires, tandis que la Loire
n'a trouvé son chemin qu'à la fin des temps tertiaires. »
(Boule, *loc. cit.*)

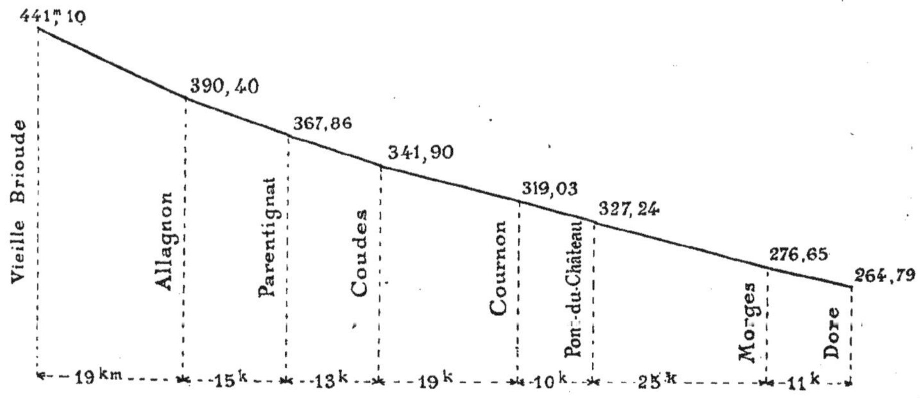

(1) Il est à remarquer que le Sancy, le point le plus élevé de la France
centrale (1886), n'est pas situé sur la ligne de partage des eaux de ces
deux bassins ; toutes ses pentes appartiennent au bassin de la Dordogne.

Le parcours de l'Allier à travers le Puy-de-Dôme, ou, pour être plus précis, de l'embouchure de l'Allagnon jusqu'à celle de la Dore, est d'environ 93 kilomètres. Le schéma ci-joint établi d'après les chiffres de Monestier (1858), donnera d'une façon précise les cotes du lit ainsi que les pentes pour les différents tronçons de la vallée. La pente moyenne de cette dernière est de 1^m 32 pour 1000.

Le cours de l'Allier est loin d'être uniforme dans la région qui nous intéresse. En effet, la grande plaine de la Limagne proprement dite et la Limagne d'Issoire sont séparées par un seuil granitique à travers lequel la rivière a dû se faire jour et qui ramène à son minimum la largeur de la vallée. Dans ce trajet, de Chadieu à Pertus, le granite se montre à nu, tandis qu'en amont et en aval, le lit actuel se creuse dans les alluvions modernes ou les couches tertiaires.

Dans la Limagne, le cours de la rivière n'est jamais resserré, « son lit, de sable et de cailloux roulés, se divise souvent en plusieurs bras limitant de nombreuses îles. Cependant, aux environs de Pont-du-Château, l'Allier entame le soubassement calcaire des collines environnantes et coule au pied de berges assez élevées. Des terrasses alluviales, disposées à des hauteurs diverses, au dessus du thalweg actuel, montrent l'importance de l'Allier aux dernières époques géologiques, et la Limagne offre de nombreuses traces de lacs, d'étangs ou de marécages disparus depuis peu. La partie située au nord-est de Clermont porte encore le nom de Marais. » (Boule, *loc. cit.*).

Nous citerons plus loin les documents concernant le régime des eaux, mais nous pouvons donner immédiatement une idée de l'importance de l'Allier en précisant sa largeur moyenne qui est de 50 mètres à son entrée dans le Puy-de-Dôme et de 100 mètres à sa sortie ; son volume est alors plus que doublé.

Comme annexes du cours de la rivière, il est important de signaler l'existence, sur son parcours en plaine, des anciens lits, *boires* ou *laisses* remplis d'eau plus ou moins stagnante,

repeuplés lors des hauts niveaux et qui offrent non seulement aux poissons mais encore aux représentants de la faune
inférieure, un champ de développement vaste et fertile. C'est
ainsi que les *laisses* de Médagues constituent pour le naturaliste un lieu de recherches très intéressant. D'autres
boires, sans communication avec la rivière, forment des
étangs privés, qui sont exploités par le propriétaire au point
de vue de la pêche ou bien affermés moyennant un prix
modique.

Au système de l'Allier se rattachait jadis le lac de Sarliève, dont le seul témoin actuel paraît être une petite mare
située non loin de la ligne du chemin de fer de Clermont à
Arvant, et qui doit être signalée aux chercheurs, non pour
sa faune ichthyologique réduite à l'épinoche, mais pour sa
faune inférieure (1). Le lac de Sarliève, dont l'emplacement
est aujourd'hui occupé par les cultures, fut desséché au commencement du xvii⁰ siècle par Octavio II de Strada. Maintenant le fond du lac est donc à nu. Il offre, sous une couche
peu épaisse de terre végétale, de grands amas de graviers et
de sables roulés, presque toujours ferrugineux, et qui atteignent dans certains endroits plus de sept mètres d'épaisseur.
Plusieurs excavations ont été ouvertes pour extraire le sable
dans lequel on retrouve, avec des fragments de briques et de
tuiles romaines, des graines et de nombreuses petites coquilles à test décoloré. Leur étude peut être importante au
point de vue de la variation de la faune. Lecoq en fait déjà la
remarque : parmi ces coquilles « les plus communes sont des
Hélices, et surtout l'*Hélix pulchella*, encore aujourd'hui si fré-
quent autour des eaux, sous les touffes de mousse humide.
L'*Achatina acicularis (Cœcilianella acicula)* est aussi très abon-

(1) Pour ceux qui s'intéressent à la faune aquatique, les champs d'ex-
ploration au voisinage de Clermont sont peu nombreux ; à peine pouvons-
nous indiquer, en dehors des laisses de l'Allier et de la mare de Sarliève,
les mares à rouir le chanvre de Beaumont, l'étang de Sayat, appartenant
à M. de Féligonde, puis les mares de Côme, de Saint-Sandoux et de Corent.
Cette dernière avait déjà donné une ample moisson d'insectes aquicoles à
l'entomologiste auvergnat Bayle (1835).

dante, parfaitement conservée. On en trouve de jeunes individus presque microscopiques et tout à fait intacts. D'autres individus sont au contraire très grands. Ce mollusque paraît maintenant moins commun qu'il ne l'était autrefois. Des Pupas bien conservés, des Cyclades et quelques Lymnées se trouvent mélangés dans les sables et attestent l'existence de ces coquilles dans les eaux du lac qui ont dû nourrir une immense quantité de ces animaux. On retrouve bien dans les eaux du fossé qui traverse le fond du lac desséché un grand nombre d'espèces semblables à celles que l'on retire des sables, *mais on croit y remarquer quelques différences ou quelques changements qui pourraient les faire considérer, non comme des espèces mais comme des variétés.* » (Lecoq, *Epoques géologiques*, v, p. 229). — Les études poursuivies actuellement préciseront ces faits et donneront peut-être quelques résultats au point de vue de l'étude comparée des lacs.

Les affluents de l'Allier que nous devons décrire sont tous tributaires de la rive gauche. Les uns drainent les eaux du massif mont-dorien, les autres celles de la longue chaîne des Dômes. Les premiers sont connus sous le nom de *Couzes :* ce sont la Couze d'Ardes ou du Breuil, la Couze Pavin ou Couze d'Issoire et la Couze Chambon ou Couze de Coudes.

Couze d'Ardes. — Le bassin de la Couze d'Ardes occupe une superficie de près de 220 kilomètres carrés. La rivière prend naissance par de nombreuses ramifications dans les plateaux qui dominent à l'est les lacs de La Godivelle. La ligne de démarcation du bassin de la Dordogne et de celui de l'Allier est ainsi très voisine de ces derniers. Elle passe par les sommets 1327, 1285, 1282, 1287, 1423, qui forment la muraille d'un immense cirque au centre duquel s'élève l'ancien volcan et brillent les deux nappes d'eau superposées. Grossie de toutes les eaux qui sourdent dans les pâturages basaltiques (basaltes des plateaux), la Couze gagne le terrain primitif (gneiss et micaschistes) ; là elle s'est ouvert une étroite et profonde vallée, l'une des plus sauvages et des plus accidentées de la région, connue sous le nom de vallée de Rentières. Deux fronts de basalte (basalte quaternaire) l'enserrent étroitement, formant deux murailles à pic que domine de haut le vieux château démantelé de Mercœur. Le cours de la rivière est ainsi très rapide jusqu'à Ardes, et la pente moyenne est de 0ᵐ022 par mètre. Au sortir d'un dernier défilé, elle entre dans la plaine alluviale du Lembron qui se soude à celle de l'Allier. La Couze, qui reçoit au niveau de Chabetout le tribut de nombreuses sources minérales qui jalonnent des séries de failles, comme dans la Limagne, devient alors plus tranquille, perdant son allure torrentielle. Il va sans dire que la rivière possède un bon nombre d'affluents secondaires. Les plus importants sont : sur la rive gauche, les ruisseaux d'Auzolles, de la Roche, de la Maison-Blanche et de Boudes ; sur la rive droite, ceux de Sebron, de Ruperau et de la Volave.

Couze Pavin. — Le bassin de la Couze Pavin s'étale sur une superficie de 287 kilomètres carrés. Lecoq indique comme branche initiale de cette rivière le ruisseau qui, à l'altitude de 1.600 mètres, prend naissance entre les puys de Pailleret et de la Perdrix, et passe ensuite entre le puy de Chambourguet et le monticule de Costapein. Si l'on examine attentivement la carte d'état-major, ou mieux encore, si l'on suit sur le terrain le cours de ce ruisseau, on constatera sans peine qu'il ne suit nullement la ligne de plus grande pente ; il contourne au contraire les croupes peu inclinées qui s'étalent au-dessus du cirque du bois de la Biche et franchit ensuite le col du Chambourguet ; il s'agit là d'un fossé creusé de main d'homme, d'un canal parfois très profond, comme au col du Chambourguet, et destiné à l'irrigation des domaines situés au-dessous de ce puy. — La Couze, en réalité, rassemble toutes les eaux qui ruissellent sur les flancs abrupts du cirque du bois de la Biche ; elle se dirige au nord-est, recueillant l'émissaire du lac Pavin et coulant à la surface des coulées superposées fournies par l'appareil volcanique de Montchalm. Une de ces coulées s'arrête brusquement à 1 kilomètre et demi au-dessous du lac ; la vallée devient alors très profonde et montre les restes d'une coulée inférieure érodée par le milieu, formant au ruisseau deux digues latérales. Au pied de la cascade que forme la Couze, nous notons la présence de sources minérales, dont l'une est utilisée comme eau de table.

Après avoir traversé, pour ainsi dire, les laboratoires de la station limnologique et actionné l'usine électrique de Besse, en contre-bas de la vieille petite ville, la rivière gagne le village d'Oursières. « On ne peut se figurer, dit Lecoq, un tableau plus frais que ces prairies arrosées par la Couze et les cascatelles de la rivière qui, courant sur les blocs de lave, les inonde de ses eaux transparentes. On s'élève un peu vers les gneiss, laissant les laves dans le fond de la vallée, et on distingue une sorte de pont naturel formé par la coulée, au-dessous duquel l'eau court en bondissant, tandis que le fond lui-même est couvert d'un manteau de gazon. » — La Couze se poursuit côte à côte avec la coulée et, après avoir contourné le promontoire de Saint-Pierre-Colamine, l'abandonne près de Saurier ; mais elle s'est frayé dans une coulée basaltique scoriacée du volcan Montchal un *pas* étroit, un défilé sauvage qui mérite d'être visité. Au-dessous de Saurier, la vallée creusée en plein granite se resserre et devient très accidentée. Puis elle débouche non loin de Saint-Floret dans la plaine alluviale qui s'étend vers Issoire. La Couze traverse la ville même d'Issoire et se jette dans l'Allier près du pont de Parentignat.

La Couze Pavin reçoit des affluents importants. Dans la plaine des Fraux, au sud-est du Pavin, des sources, naissant dans un vallon à peine dessiné, forment un ruisseau que toutes les cartes font sortir du lac d'Estivadoux (1). Ce ruisseau, après avoir traversé une tourbière très caractéristique, passe au débouché d'un immense cirque dont il recueille les

____

(1) Le lac d'Estivadoux est aujourd'hui complétement dépourvu d'émissaire, mais il est admissible que ses eaux se soient écoulées jadis dans le vallon dont nous parlons ici.

eaux ; puis, franchissant un dyke de basalte, il forme la belle
cascade du moulin d'Anglard et suit la vallée de Vaucoux,
large et profonde, boisée sur les pentes, pour se jeter dans
la Couze à Oursières ; c'est le ruisseau d'Oursières. — Mais
une autre merveilleuse vallée se creuse presque parallèlement à la précédente : c'est le Valbeleix. Le ruisseau de la
Gazelle prend naissance dans une *narse* (tourbière) située au
sud de la coulée de Montchalm, au voisinage de sources minérales. Il longe pour ainsi dire le lac de Montcineyre, dont
le bassin est apparemment fermé, puis reçoit l'émissaire du
lac d'Anglard et se précipite dans la vallée de Compains. Le
fond de celle-ci est occupé par la vaste coulée basaltique
vomie par Montcineyre : la Gazelle en suit le bord septen-
trional ; un autre ruisseau, qui draine la haute vallée de
Compains, en côtoie le bord opposé. Ce n'est qu'au bout de
6 kilomètres, au Verdier, que les deux cours d'eaux se réunissent pour former la *Couze du Valbeleix*. Celle-ci se grossit
d'un affluent très important naissant dans les tourbières
situées entre La Godivelle et Brion et qui, entré dans les
terrains primitifs, prend le nom de ruisseau du Sault et parcourt la gorge sauvage de Roche-Charles. La Couze du Valbeleix passe à Courgoul et se jette dans la Couze Pavin, en
amont de Saurier, à l'extrémité de la coulée de Montchalm.
Nous mentionnerons encore comme affluent de la rive droite,
le ruisseau d'Antaillat dont la source se trouve près de Chas-
sagne.

C'est entre la plaine des Moutons et le puy de Serveix que
prend naissance le principal affluent de la rive gauche. Il
suit le grand plateau basaltique pour se creuser ensuite une
profonde vallée qui suivait l'ancienne route de Besse, et
aboutir à la Couze en amont du Cheix : c'est le ruisseau de
Malvoissière.

Il importe enfin de noter les magnifiques sources qui
viennent au jour près de Lince : « Il est impossible de voir
des eaux plus belles, une verdure plus fraîche ; le fond de
la rivière est garni des longues chevelures des Callitriches

dont le courant fait gracieusement onduler les flexibles rameaux. Mais c'est surtout dans le ruisseau qui naît sous la lave, entre Cotteuges et Lince, que se trouvent des plantes d'un vert pur qui conservent pendant tout l'hiver leur séduisante fraîcheur ; outre les Callitriches, on y voit des Berles, des *Veronica beccabunga*, etc... » (Lecoq, *L'Eau sur le Plateau central*, p. 130) (1).

Couze Chambon. — L'une des merveilles des monts Dores est sans contredit le cirque de Chaudefour : qu'on le contemple du sommet du Ferrand, dont il entame les flancs par un escarpement de 700 mètres, qu'on le regarde de l'entrée même de la gorge où viennent sourdre des eaux minérales, il apparaît comme l'un des sites les plus grandioses et les plus saisissants de nos montagnes. Toutes les eaux de Chaudefour, dont la plupart dévalent sur des parois à pic par des cascades vertigineuses, se réunissent pour former la Couze de Chaudefour. Celle-ci ne tarde pas à se grossir de la cascade de Moneaux, puis du ruisseau de Diane, qui recueille par différentes branches (Couze de Surain, etc.) les eaux des pentes orientales du massif, depuis le plateau de Durbise jusqu'à la Croix-Morand. La réunion de ces deux artères forme la Couze du Chambon, dont le lit a dû être régularisé récemment à cause des énormes apports qui se produisent lors des orages et de la fonte des neiges. Barrée par le volcan du Tartaret, elle forme le lac Chambon que nous aurons à décrire. Après avoir traversé Murols, elle roule par une vallée extrêmement accidentée, côte à côte avec la coulée du Tartaret, coupée dans son cours par la cascade des Granges, l'une des plus belles d'Auvergne, et celle de Saillans. Durant la majeure partie de ce trajet, la vallée est ouverte dans les terrains granitiques, mais, au niveau de Montaigut, elle franchit un lambeau tertiaire isolé par deux failles (calcaires

(1) Depuis la remise de notre manuscrit à l'impression est parue l'importante thèse de notre ami M. Jean Giraud. On y trouvera une description détaillée de cette région, et en particulier des observations sur la capture de la Couze Pavin par la Couze du Valbeleix.

et arkoses). Au delà de Neschers où elle abandonne la coulée, la rivière ralentit son cours dans une plaine alluviale et atteint l'Allier à Coudes. La superficie de son bassin est de 190 kilomètres carrés. Nombreux sont ses affluents. A droite le ruisseau de Groire, formé par la réunion de ceux de Jassat et de Courbanges, souvent à sec pendant l'été, mais dont les eaux filtreraient sous la lave pour ressortir quelques mètres avant de se jeter dans la Couze, à la cascade inférieure des Granges ; les ruisseaux de Conche et de Fontenille. — A gauche, le ruisseau de Chaleyre, le Courançon qui recueille les sources minérales si nombreuses de Saint-Nectaire et dont la branche la plus importante est le Fredet, venue des cinérites de la Croix-Morand ; le ruisseau de Farges, le ruisseau de Quinsat dont les sources jaillissent des cinérites du Vernet ; de la Rodde, celui de Saint-Julien qui creuse presque en entier son lit dans les arkoses ; enfin celui de Ludesse dont le cours s'étale successivement sur les calcaires, les arkoses et le granite.

La Monne et la Veyre. — La Monne et la Veyre déversent dans l'Allier les eaux venues à la fois des Dômes et des Dores. La Monne prend sa source non loin du Fredet, sur les pentes méridionales du puy de Baladou. Elle se creuse un sillon étroit dans les cinérites ; au-dessous de Fontmarcel, elle pénètre dans la lave de Monténard ; elle traverse un des rares lambeaux de cambrien qui subsistent encore et passe sur le granite. Cette dernière partie de la vallée est très resserrée, elle constitue une gorge des plus pittoresques, trop peu connue des touristes (gorges de Randol). Au delà de la grande faille de bordure de la Limagne, la Monne entame les calcaires, elle cotoie la coulée de Charmont sur laquelle sont bâties les importantes bourgades de Saint-Saturnin et de Saint-Amant-Tallende pour s'unir enfin à la Veyre. A gauche le ruisseau de Prades, à droite le ruisseau de Chaynat, grossi d'ailleurs de plusieurs autres, forment ses principaux affluents.

Le lac d'Aydat est formé par un cours d'eau que certains

géographes désignent sous le nom de Veyre et les autres sous celui de Pontavat. « Dans le pays on le connaît sous le nom de Lavadoux, mot patois s'appliquant à la plupart des petits cours d'eau et par conséquent n'en désignant aucun en particulier. » Ce ruisseau a sa source non loin de Pessade, dans les cinérites remaniées où il creuse sa vallée initiale et qu'il quitte pour le granite à amphibole, non sans avoir reçu le ruisseau d'Espinasse. A Veyreras, il contourne la coulée du puy de la Rodde puis traverse le village d'Aydat avant de se jeter dans le lac.

L'émissaire n'a qu'un faible parcours. Le lac d'Aydat est dû au barrage de la vallée par les coulées des puys de la Vache et de Lassolas. « A l'orient le lac s'introduit dans la *cheire* à la faveur d'un écartement des roches, il coule d'abord entre des berges resserrées, puis il s'épanche dans la multitude de fosses qui donnent à cette région l'apparence d'une vaste éponge et qui absorbent entièrement la masse liquide. Aujourd'hui le ruisseau a été canalisé par les habitants du village du Lô qui lui ont disputé le terrain pour y établir des prairies et qui ont même, à certains endroits, détourné son cours en vue du comblement des creux et du nivellement des rochers. Mais autrefois le ruisseau se répandait librement dans une série de cuvettes. On se rend compte du phénomène lorsqu'on visite attentivement cette zone de la *cheire*. L'émissaire se perdait donc dans ces dépressions, tandis que maintenant, grâce à l'endiguement, il s'avance un peu plus loin avant de disparaître complètement. » (Crègut : *Nouveaux éclaircissements sur Avitacum,* « Bull. histor. et scientif. de l'Auv., » 1901, p. 276).

Mais la Veyre, par d'abondantes sources, revient au jour en aval, « appauvrie non de ses eaux, mais de ses poissons, » comme le fait observer déjà Sidoine Apollinaire dans sa lettre à Domitius, cette lettre pour laquelle les archéologues du cru se sont livré tant de batailles. — Elle suit la coulée qu'elle a érodée, se grossit des ruisseaux de Cournols à droite et du Lac à gauche, puis côtoie la lave au nord, comme la

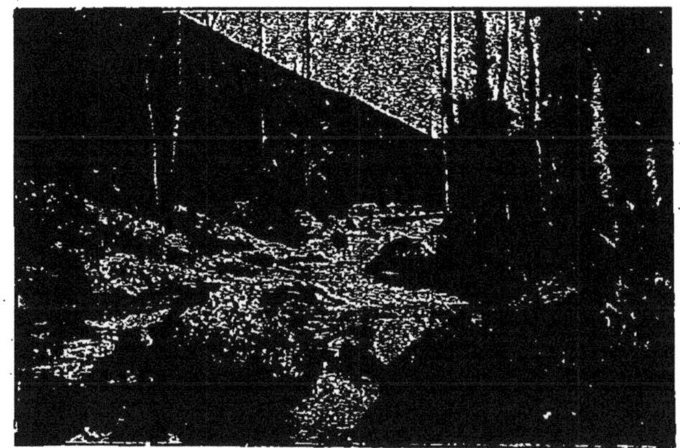

La Monne (cours supérieur : gorges de Randol) *

La Monne (cours inférieur) *

Monne le fait au sud. La plaine alluviale fait suite à la coulée, et la Veyre jointe à la Monne, après avoir traversé Veyre et les Martres-de-Veyre, va se jeter dans l'Allier par deux branches principales, l'une en amont, l'autre en aval du pont.

Les bassins de la Veyre et de la Monne couvrent une superficie de 160 kilomètres carrés.

Autres affluents. — Drainant les eaux qui filtrent sous la *cheire* labradorique issue du puy de Mey, l'*Auzon* traverse Theix et suit une coulée basaltique jusque sur les calcaires au delà de Chanonat. Le reste de la vallée est creusé dans ces calcaires (calc. à Potamides) et dans les alluvions modernes à partir d'Orcet. L'Auzon passe ainsi au pied du plateau de Gergovia ; c'est non loin de ses rives que campait César lorsqu'il entreprit le siège de Gergovie où, pour la première fois, il vit chanceler sa fortune.

L'Artière qui rejoint l'Allier aux Martres-d'Artières et le Bédat, principal affluent de la Morge, sont les deux derniers ruisseaux dont il nous reste à parler ; ils réunissent toutes les eaux venues des monts Dômes et de leur plateau de soubassement, depuis le puy Giroux qui commande le promontoire de Gergovie jusqu'à la gorge que domine le château de Chazeron au nord-ouest de Riom. Il s'agit, en réalité, d'un réseau hydrographique extrèmement complexe dont la branche la plus méridionale est le ruisselet de Clémensat et la branche opposée le Sardon, affluent de l'Ambène. — Il est d'ailleurs impossible de séparer logiquement l'étude de ces deux systèmes, puisque le ruisseau de Royat se rattache à l'une et l'autre : à l'Artière par la branche qui entoure Clermont au sud, au Bédat par la *Tiretaine* qui passe au nord de la ville.

La haute falaise de bordure de la Limagne est profondément entamée par toute une série de vallées, plus ou moins profondes, plus ou moins resserrées, dont les unes sont entièrement primitives (ravin de Ceyrat, parties supérieures des ravins de Boisséjour, de Charade, etc.) et dont les autres parties abritent des coulées basaltiques ou andésitiques (Royat, Durtol, Villars, Volvic, etc.). Les vallées situées au sud de Royat alimentent l'Artière, les vallées au nord sont toutes tributaires du bassin du Bédat ; celle de Royat fournit aux deux.

Le cours de ces ruisseaux se trouve divisé en deux tronçons de régime très différent, le tronçon supérieur tracé dans les terrains primitifs et les coulées, au cours accidenté, à pente rapide, et le tronçon de la plaine beaucoup plus développé, réparti sur les calcaires et les alluvions anciennes de la Limagne, à pente très faible, à cours tranquille, souvent capté et divisé au profit de l'industrie ou des cultures (1).

Nous n'insisterons pas davantage sur ce système hydrographique beaucoup moins important au point de vue de la pisciculture et du repeuplement que ceux que nous avons décrits, que ceux aussi qu'il nous reste à étudier.

Bassin de la Sioule

Le cours supérieur de la Sioule appartient seul au Puy-de-Dôme. La rivière n'y effectue pas moins un trajet d'une centaine de kilomètres et draine environ le cinquième de la superficie totale du département. (Boule, *loc. cit.*).

La Sioule prend naissance sur les pentes septentrionales du Mont-Dore par de nombreuses racines qui forment un chevelu presque régulier ; il est difficile de préciser laquelle de ces racines est l'origine de la Sioule. Les géographes locaux sont loin d'être d'accord à ce sujet. La plupart cependant admettent que la Sioule dérive du lac de Servière. Ce dernier est généralement sans émissaire visible, mais les eaux glissent sous les scories et vont sortir en plusieurs points à la base du cône volcanique. Lors des hauts niveaux, l'eau

---

(1) Les vallées supérieures sont très pittoresques ; elles forment les buts variés d'excursions très suivies, il suffit de citer le ravin de Ceyrat et les gorges d'Enval (Bout du monde).

s'échappe par une échancrure et rejoint bientôt les sources situées au-dessous du lac, non loin de la route de Randanne au Mont-Dore. Le cours d'eau ainsi formé admet le ruisseau de Vernines, passe à Saint-Bonnet et reçoit l'important ruisseau de la Gorce, grossi lui-même de la Gigeole ou ruisseau d'Aurières. Au delà d'Olby, au-dessous de Monteillet, se trouve le confluent du ruisseau d'Orcival ou Sioulet. Ce dernier, sous le nom de ruisseau de Train, descend des croupes du puy de l'Aiguiller, coupe la route du Mont-Dore au pont de *Chez-Chevalier*, puis la route nationale au-dessous de Saint-Pierre-Roche ; dans ce trajet, il a traversé le village d'Orcival, célèbre par ses pèlerinages. — La Miouze est la dernière des ramifications occidentales ; elle réunit d'ailleurs les eaux d'un grand nombre d'affluents dont les plus importants sont sur la rive droite : le Verdeix qui forme la belle cascade du Trador, non loin de Laqueuille ; les ruisseaux des Fraux et de Rio-Peyroux, la Vergne qui passe à Perpezat, enfin la Sioule de Rochefort. Le ruisseau de Fontsalat amène à celle-ci les eaux du merveilleux cirque que gardent les deux dykes phonolitiques des roches Tuilière et Sanadoire,

Pareilles aux piliers d'un monstrueux portique,

et qui n'a de rival dans notre région que le cirque de Chaudefour. Le ruisseau de la Plaine, grossi de celui d'Auroux, draine les pentes de Malevialle et du Roc-Blanc et rejoint le précédent au-dessous de Rochefort. C'est entre les deux que se trouve le petit lac fermé de la Gratade.

La structure géologique de la région arrosée par ce système hydrographique est complexe. Les hautes sources prennent naissance dans les trachytes et les cinérites ; les vallées sont ensuite creusées dans les cinérites remaniées au-dessous desquelles elles gagnent les terrains primitifs. Ceux-ci sont parfois à découvert très avant dans le massif (Sioule de Rochefort), tandis qu'ailleurs les éboulis sur les pentes masquent les parois encaissantes. Le basalte des plateaux forme,

d'autre part, de longs promontoires entre ces vallées rayon-
nantes.

Du confluent de la Miouze à Pontgibaud, la Sioule décrit
de nombreuses sinuosités dans une plaine alluviale assez
large et dont la pente est très faible. Mais au delà du barrage
de Pontgibaud, formé par la coulée labradorique de Côme,
la vallée se resserre de nouveau, elle devient sinueuse et
accidentée entre des parois escarpées de gneiss, de micaschistes. « Les nombreux méandres de la Sioule entre Pontgibaud et Châteauneuf sont dus à des filons de porphyres
perpendiculaires à sa direction et à des terrains cristallins
redressés qu'elle a été obligée de contourner jusqu'à ce qu'elle
ait trouvé des cluses naturelles » (Glangeaud). Les gorges
de la Sioule, malheureusement peu accessibles, sont des plus
pittoresques. Elles se poursuivent à travers les terrains cristallins jusqu'à Ebreuil, au delà des limites du département.
— Les ruisseaux de Mazayes, de Villelongue, de Mazières
viennent se greffer sur la rive droite ; ceux de Gelles, de
Roure, de Bromont et de Garenne, sur la rive gauche. Mais
l'affluent le plus important est le Sioulet, qui amène à la
Sioule les eaux des vastes plateaux primitifs compris entre
Herment, Tix et Pontaumur.

Il est essentiel, à notre point de vue, de noter l'existence
d'exploitations minières (galène argentifère) jadis très actives, échelonnées le long de la Sioule ; nous citerons comme
centres d'exploitation : Les Roziers (puits et laverie), La
Brousse (puits), Pontgibaud (fonderie et laverie), Barbecot
(puits et laverie), enfin Pranal.

Bassin de la Dordogne

Le système hydrographique de la Dordogne est d'une
grande complexité dans la région que nous étudions. Il
réunit tous les cours d'eau qui ruissellent sur les pentes de
l'ouest et du sud-ouest du massif mont-dorien. Mais tandis
que les uns se rendent directement dans la rivière maîtresse,

les autres opèrent leur jonction avec les cours d'eau venus du Cézalier et du massif Cantalien et dont le collecteur est la Rhue. Celle-ci se jette d'ailleurs dans la Dordogne au-dessous de Bort, à la limite du Cantal et de la Corrèze. Nous avons ainsi à examiner, d'une part, la Dordogne et ses affluents directs, de l'autre, les affluents de la Rhue. La ligne de séparation des deux bassins a son point initial au Sancy; elle passe au sommet (1733), au puy Redon (1755), près des burons de la montagne du Mont et de la montagne Bladane, puis se dirige à l'ouest et devient assez indécise sur le plateau de Saint-Donat.

Au pied de la pyramide du Sancy, sur un ressaut compris entre l'Aiguiller et le Pan de la Grange, se rassemblent les sources de la Dore à une altitude de plus de 1700 mètres. « Le petit ruisseau qu'elles forment s'étale au fond d'un marais tourbeux des plus intéressants au point de vue géologique, car il représente un ancien cirque glaciaire d'où partirent, à la fin du pliocène, les glaciers qui ensevelirent le volcan. » Aujourd'hui le ruisseau est à demi-caché par la végétation alpine et court capricieusement sur le plateau d'où il se précipite, par une cascade, dans le ravin de la Craie et de là dans le fond de la vallée. Il ne tarde pas à confondre ses eaux avec celles d'un autre ruisseau qui glisse sur les pentes de Cacadogne par la cascade du Serpent; celui-là est la Dogne. La Dordogne est constituée.

La haute vallée de la Dordogne, élargie par l'érosion et les éboulements, bordée de sommités atteignant 1600 et 1700 mètres, et de parois abruptes lardées de filons, est réellement grandiose. Jusqu'aux Bains du Mont-Dore, la rivière ne reçoit que des ruisselets dont le plus important est celui de la Grande-Cascade qui jaillit du plateau de bordure. « La Dordogne a un cours sud-nord jusqu'à l'extrémité du plateau de l'Angle, puis elle vient butter contre le massif de la Banne d'Ordanche qui lui impose une direction ouest; elle dévale ainsi entre les deux massifs volcaniques du Sancy et de la Banne d'Ordanche après avoir traversé une belle moraine glaciaire » (Glangeaud). La vallée se resserre un instant pour s'étaler de nouveau en amont de La Bourboule. La rivière qui, durant tout ce trajet, suit un lit variable encombré de galets, traverse La Bourboule et abandonne le terrain volcanique pour passer sur le granite qui l'encaisse profondément. Un barrage considérable fait refluer ses eaux jusque dans la ville même et crée un lac pittoresque mais qui se comblera rapidement ; c'est un vaste réservoir destiné à actionner l'usine électrique. — Au delà de Saint-Sauves, la Dordogne s'engage dans les gorges sauvages d'Avèze et décrit un arc de cercle assez régulier qui ramène sa direction au sud. C'est au niveau de Singles qu'elle reçoit, sur la droite, le très important apport du Chavanon. Elle forme à deux reprises la limite du Puy-de-Dôme qu'elle quitte au-dessous de Labessette, passe à Bort au pied des célèbres orgues phonolitiques et forme un brusque crochet avant de reprendre la direction générale du sud-ouest. Durant ce trajet, la rivière suit la grande bande houillère dont Singles est le centre d'exploitation.

Il n'y a guère à signaler, comme affluent de droite, que le ruisseau de Guéry dont la vallée aboutit à la Dordogne, entre le plateau de l'Angle et le puy Gros. Ce ruisseau réunit les eaux du plateau isolé par le col de Guéry et dont les principaux sommets de bordure sont le puy Gros, la Banne d'Ordanche, le puy Loup et la Malevialle. Bien que coupé par la cascade des *Mortes,* ce ruisseau (ruisseau des Mortes) ne renferme pas moins de la Truite. Non loin de la cascade il forme le lac de Guéry, dont il emprunte ensuite le nom. Son cours est dès lors des plus rapides, car il a entaillé profondément les cinérites, roches tendres par excellence ; il draine tous les ruisseaux du cirque formé par l'Aiguiller, la Croix-Morand, la Tache, Monne, le Barbier et Mareilh. Les cours d'eau sont eux-mêmes très accidentés ; les cascades du Serpent, du Saut-du-Loup, du Queureilh et du Rossignolet sont connues de tous les touristes.

Les affluents de gauche sont plus nombreux et plus impor-

tants. Entre le Mont-Dore et Saint-Sauves, se jettent le
ruisseau de Cliergue dont le cours est à deux reprises brisé
par les cascades du Plat-à-Barbe et de la Vernière, celui de
la Roche-Vendeix, dont le confluent est dans La Bourboule
même, et celui de Lavaux qui aboutit au pont de Saint-
Sauves. — Le ruisseau des Plantades, grossi de celui de
Gioux, rejoint la Dordogne bien au delà du Pont d'Avèze, il
prend sa source en dehors des ramifications du massif
volcanique, sur le terrain primitif. La Mortagne, au contraire, sort du basalte dans la commune de Latour, gagne
le terrain primitif à La Vialle, arrose les prairies au sud
de Tauves, reçoit le ruisseau de Beaudourne et traverse le
houiller avant d'aboutir à la Dordogne un peu en amont du
Chavanon.

La Burande pénètre plus encore avant dans le massif. La
plus élevée de ses sources sort des andésites du puy Redon,
à l'altitude de 1650 mètres environ. Elle creuse sa vallée dans
les cinérites, reçoit les eaux des pentes septentrionales du *Nez
de Courlande* et passe dans le terrain primitif où sa direction
générale est orientée de l'est à l'ouest. Elle atteint la Dordogne après avoir franchi la bande houillère. A gauche, la
Gagne, dont la branche la plus considérable naît au sud de
Courlande ; à droite, le ruisseau des Ayssards, venu des trachytes de Chambourguet (ouest) et grossi lui-même de celui
de Pissols, sont ses principaux affluents.

Nous citons pour mémoire la Tialle, formée par la réunion
des ruisseaux de Malgat et de Beth, puis grossie, sur la rive
droite, du ruisseau de Panouille. Ces cours d'eau, situés en
majeure partie sur le terrain primitif, drainent la région de
Trémouille, Bagnols et de Cros.

La *Rhue*. — La grande Rhue est le collecteur d'un nombre
considérable de cours d'eau qui proviennent du Cantal, du
Cézallier et du Mont-Dore ; c'est dire l'importance de ce système hydrographique.

Depuis les hauteurs du Cézallier, au puy de Chamaroux,
près de Montgreleix, à 1480 mètres d'altitude, un cours d'eau

se dirige à peu près régulièrement de l'est à l'ouest jusqu'au coude de la Dordogne en aval de Bort. Il forme la ligne de soudure entre le réseau mont-dorien (affluents de droite) et le réseau du Cantal (affluents de gauche). Dans sa partie initiale, jusqu'à Condat, c'est le ruisseau de Bonjean ; dans la partie terminale, depuis le confluent de la Rue de Cheylade jusqu'à la Dordogne, c'est la grande Rhue dont la cascade ou Saut de la Saule est justement célèbre.

La Clamouze ou Rue d'Egliseneuve constitue le tronçon médian. Elle prend sa source derrière Vassivières, recueille les eaux d'une assez vaste dépression tourbeuse que parcourt la route de Besse à Picherande (1) et franchit celle-ci au *pont de Clamouze*. La vallée devient ensuite accidentée, coupée de cascades dont la plus connue est celle d'Entraigues, et entre sur le terrain primitif en aval d'Egliseneuve. Au delà de Condat, la Clamouze reçoit le ruisseau de Bonjean et se joint peu après à la Santoire, venue du puy de Pérarche, voisin du puy Mary. De ce point à la Rue de Cheylade, la vallée est merveilleuse et le confluent des deux rivières est dans l'un des sites les plus renommés de la région. (Cf. Boule et Farges, *Guide du Cantal*).

La Clamouze reçoit sur sa droite le ruisseau Vert, alimenté par la belle source des Assards, au pied du puy des Bois-Noirs ; sur sa gauche, un ruisseau dont les branches multiples arrivent les unes des plateaux voisins de Montcineyre, les autres du lac de Chambédaze et du lac de la Faye ; enfin le ruisseau d'Espinchal qui recueille l'émissaire du lac inférieur de la Godivelle. A l'ouest d'Egliseneuve, le basalte des plateaux pousse un long prolongement vers le sud ; c'est là que sont situés les lacs des Esclauzes et de la Landie. Leurs émissaires se jettent dans le Gabeuf qui draine les eaux de la région et aboutit directement à la Rue.

Non loin de son confluent se déverse également le ruisseau

______

(1) C'est sur le bord de cette dépression, au voisinage de la route, que se trouve la source minérale de l'Escarro.

des Thaurons, dont le lit est entièrement creusé dans les terrains primitifs; il passe à Saint-Genès-Champespe et sa source est à l'Arbre. — Les eaux des lacs de Laspialade et de la Crégut sont emmenées par un ruisseau distinct qui se jette dans la grande Rhue, par conséquent en aval du confluent de la Rue de Cheylade.

Un dernier affluent de la rive droite de la grande Rhue est la Trentaine qui traverse Champs et dont les ramifications extrêmes atteignent jusqu'au cœur du massif mont-dorien. Sa source principale est dans le cirque de Neuffonds formé par le puy Gros, le Ferrand et le Pailleret. Elle se grossit du ruisseau qui naît à 1700 mètres, entre le Sancy, le puy Gros (ruisseau de Neuffonds, nord-ouest), puis de Taraffet qui vient des pentes du puy de Pailleret, et dont la partie supérieure prend le nom de ruisseau de Champs. Un autre ruisseau de Neuffonds (sud-est) dont la source, située sur le flanc sud de Pailleret, n'est pas très éloignée de celle de la Clamouze, recueille l'émissaire du lac Chauvet, prend plus loin le nom de l'Eau-Verte et rejoint la Trentaine au delà du bois de Laspialade alors qu'elle a déjà reçu, sur la droite, le ruisseau de Saint-Donat. A citer aussi, comme affluent de droite, le ruisseau de Bourbouloux dont le confluent marque la limite du Puy-de-Dôme. C'est près du hameau de Bourbouloux que se trouve le petit lac fermé de la Coste.

La vallée de la Trentaine abandonne le massif volcanique au niveau du hameau de Montat, au nord de Picherande; elle s'ouvre alors dans le granite et atteint les micaschistes à la hauteur de Saint-Donat.

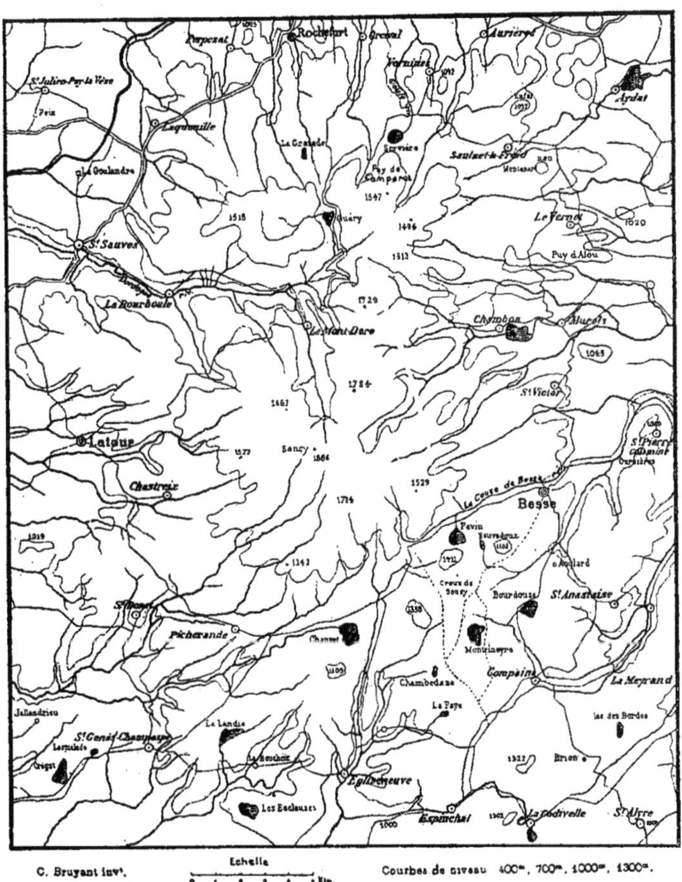

Système hydrographique des monts Dore.

CHAPITRE II

Documents hydrologiques

Tel est donc l'ensemble du système hydrographique dont les branches s'étoilent autour du massif Mont-Dorien. Nous avons cherché à décrire, aussi brièvement que possible, les caractères géographiques de chacun des cours d'eau qui constituent une partie importante du domaine aquicole de la région. Mais d'autres éléments seraient indispensables à une étude complète ; nous voulons parler du volume et de la vitesse, de la température et de la composition chimique des eaux, autant de facteurs bionomiques qui ne peuvent être négligés. Force nous est d'avouer que nos documents sont bien incomplets à cet égard : ils exigent, il est vrai, pour être établis, un laps de temps considérable et nécessitent des collaborations d'ordres scientifiques très divers.

Volume des eaux

« Les cours d'eau qui relèvent des territoires granitiques de faible altitude, comme la Sioule et la Morge, présentent un débit relativement régulier, tous les autres, nés en haute montagne, sont soumis à des crues atteignant jusqu'à 250 fois le débit de l'étiage. » (Boule, *loc. cit.*). Ces crues sont dues normalement à la fonte des neiges au printemps ; mais elles se produisent aussi en été, lors des orages, et sont alors de très courte durée. D'autre part, c'est aussi en été, si la sécheresse se prolonge quelque peu, que le zéro de l'étiage est atteint. L'Allier, qui donne la synthèse de toutes ces variations puisqu'elle recueille les eaux de la plupart de nos cours d'eau, a un débit moyen de 169 mètres cubes par seconde à Ris, au confluent de la Dore ; à l'étiage le débit est de 17 mètres cubes, tandis que lors de la grande crue de 1856, on a évalué son volume à 4.000 mètres cubes (Monestier) ; le rapport de l'étiage aux grandes crues est donc de 235. Ce coefficient est du même ordre pour les cours d'eau du bassin de la Dordogne. Or, à titre de comparaison, celui de la Seine serait 29,40 et celui de la Somme seulement 4 (1).

En ce qui concerne les variations annuelles, les schémas ci-joints indiqueront mieux qu'une description les régimes de nos principaux cours d'eau. Ces courbes, déjà données par Gobin, sont établies d'après les documents fournis par l'administration des Ponts-et-Chaussées.

Ces irrégularités de débit ont des conséquences importantes au point de vue de l'aquiculture. Les petits ruisseaux de montagne, peuplés de Truites, sont presque à sec aux bas niveaux. L'eau qui coule en faible quantité au fond de leur lit peut être facilement détournée, soit par les propriétaires riverains pour l'irrigation de leurs cultures, soit simplement par les braconniers de profession ou... éventuels. Le lit ne renferme plus dès lors que quelques mares, excavations creusées par les cascades et qu'on ne se fait pas faute d'assécher pour les dépeupler complètement. D'ailleurs, même sur les cours d'eau beaucoup plus importants, comme l'Allier, il est évident qu'aux basses eaux le braconnage est incomparablement plus facile et plus destructeur. C'est à ce point de vue que les pêcheurs estiment qu'une année où les eaux se sont maintenues bien au-dessus de l'étiage, sera suivie d'une année d'abondance. Il y a lieu aussi de tenir compte de la possibilité pour les poissons migrateurs de franchir en hautes eaux les obstacles naturels ou artificiels qui peuvent les arrêter lors des faibles niveaux.

Si la question du volume des eaux est à prendre en considération à propos de la répartition des espèces supérieures, la vitesse du courant intervient aussi comme facteur biono-

(1) Les crues de l'Allier semblent se produire à des intervalles à peu près réguliers ; les plus fortes ont été celles de 1835, 1846, 1856, 1866 et 1875.

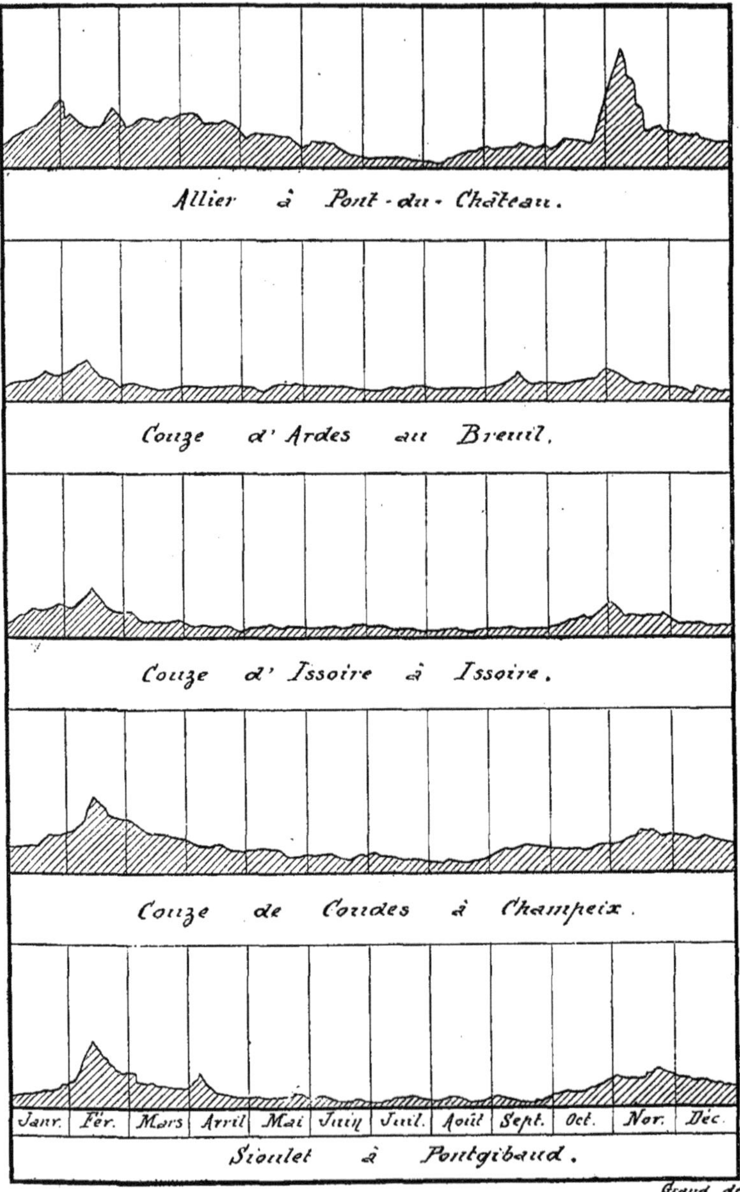

Régime annuel des divers cours d'eau

mique. Le mouvement de l'eau exclut en effet toute une série de formes. La répartition des mollusques d'eau douce en est aussi une preuve. « Les Lamellibranches sont ceux qui pré-
» sentent le plus petit nombre de genres mais le plus grand
» nombre d'espèces, ceux qui sont par conséquent les plus
» polymorphes. C'est que, tandis que les Gastéropodes aqua-
» tiques vivent tous seulement dans les eaux tranquilles, les
» Lamellibranches fréquentent volontiers les grands cours
» d'eau à courant rapide et ont là une cause de plus de varia-
» tion dans l'action directe de l'eau courante elle-même, et
» aussi dans le transport des jeunes, dans des conditions de
» milieu bien différentes, de la source à l'embouchure du
» fleuve. Ainsi l'*Unio rhomboideus,* commune dans tous nos
» cours d'eau, transportée dans les eaux calmes du lac du
» Bourget ou du lac d'Annecy, a donné l'*Unio rathymus,* et
» dans les petits ruisseaux torrentueux des hautes Pyrénées,
» l'*Unio bigorriensis*; dans d'autres milieux sa taille s'est
» encore réduite et elle a donné les *Unio asticrianus, rotun-*
» *datus, Pacomei.* » (Pruvôt, *Année biolog.,* 1897, p. 586).

Température

Il est de notion courante que la température du milieu règle pour une bonne part le temps de ponte des espèces de poissons. Celles dont le développement s'effectue aux basses températures se reproduisent en automne et au début de l'hiver, les autres au printemps. A un moindre degré la température influe sur les habitudes particulières du poisson et le pêcheur doit s'en rendre compte. Enfin il ne faut pas oublier que la quantité d'oxygène dissous dans l'eau et qu'utilise le poisson, est sous sa dépendance directe. A tous ces titres, la température intervient pour une large part dans la répartition et les conditions d'acclimatement des espèces.

Il est intéressant en premier lieu de rechercher la température initiale des cours d'eau, c'est-à-dire celle des sources. Nous devons à Lecoq de très nombreux documents à ce sujet, documents que nous résumons ici sous forme de tableaux.

SOURCES DES TERRAINS PRIMITIFS

Laqueuille	$8°3$ juill.	Chambon	$7°2$	août.
Ceyrat	$10°5$ mai.	Flay (Ardes)	$10°$	sept.
Chignat (Montaigut-le-Bl.)	$13°5$ juin.	Jassy (Ardes)	$9°$	sept.
Clémensat (Champeix)	$12°$ mai.	Lameyrand (Ardes)	$7°2$	—
Durtol	$11°$ déc.	Mazoires (Ardes)	$9°$	—
Sauteyras	$9°5$ juin.	Orbeil (Issoire)	$13°1$	—
Combes (Besse)	$8°3$ —	Saint-Anastaise	$12°1$	août.

SOURCES DES TERRAINS TERTIAIRES

Beauregard (Clermont)	$12°1$ sept.	Boissat (Issoire)	$10°$	mai.
Gondol (Cournon)	$12°7$ juill.	Saint-Martin	$13°$	sept.
Lachaux (Vic-le-Cte)	$11°9$ —	Nonette	$2°$	août.

SOURCES DU MASSIF DU MONT-DORE (Andésites, Cinérites, Trachytes)

Randanne	$7°3$ juin.	Besse	$6°2$	mai.
Pessade	$6°7$ —	La Ville-Tour	$8°8$	—
Palabus	$5°4$ —	La Groleix	$7°3$	août.
Prends t'y garde	$7°2$ juill.	Chambourguet	$5°6$	—
Queureilh	$9°$ —	Monneaux	$8°4$	juill.
Mont-Dore	$10°$ —	Douharesse	$10°$	—
—	$9°2$ —	Laqueuille	$9°$	—
Vallée de Lacour	$3°$ juin.	Banne d'Ordenche	$6°1$	—
Sources de la Dore	$3°-4°$ —	Puy de Prétic	$6°2$	—
Puy-Ferrand (ouest)	$4°$ juill.	—	$5°8$	—
— (est)	$3°2$ —			

SOURCES DES TERRAINS BASALTIQUES ANCIENS

Gergovia	$8°9$ févr.	Besse	$9°$	mai.
Recolène	$12°2$ sept.	Le Verdier	$9°$	—
Neuville	$10°$ oct.	Berthaire	$7°$	—
Zanières	$8°5$ août.	—	$7°$	—
Fontclairant	$9°$ —	La Faye	$6°6$	août.
Randanne	$7°8$ juill.	Chauvet	$6°8$	oct.
Murat-le-Quaire	$14°$ —	La Godivelle	$9°5$	sept.
Trador	$9°$ —	Auzolles	$8°8$	—
Banne d'Ordenche	$6°$ —			

SOURCES EN RELATION AVEC LES VOLCANS A CRATÈRE

Pavin (sud)........	5°1	juill.	Pariou (Nohanent)..	9°5	mai.
—	6°	mai.	Petit Puy de Dôme :		
Montcineyre........	5°2	juill.	— (Font-de-l'Arbre).	8°5-10°	mai.
Charmont (Fontclairant)..	8°8	juin.	— — ...	8°	—
Randanne.........	7°	—	— (Fontanas)...	9°	—
Cohalion	8°7	août.	Petit Puy de Dôme (Royat)...	9°8	mai.
Tartaret (Sachat)...	9°5	juill.	— (Grottes Royat)	9°8 à 11°2	—
—	10 à 10°5	mai.	Gravenoire (Boisséjour)..	12°2	juin.
Petit Sault.........	7°	—	— (Beaumont)..	11°5	—
Pariou (font. Berger).	7°	—	— (Lauradoux) .	13°	juill.
Pariou (chez Vasson).	8°6	mai.	Jumes-la-Coquille (St-Vincent)..	10°	—
— (Orcines)	9°2	—	Chanat (Chanat)....	9°	—
— (Villars).....	10°5	—	Puy de Clerzat (l'Etang).	10° à 10°8	—
— —	10°3	—	La Nugère (Volvic)	7°4 à 9°5	—
— (Fontmort) ..	9°9	—	— (Marsat).	10°6 à 11°	—
— (Cressigny)..	9°5	—			

Ces chiffres ne peuvent d'ailleurs avoir une valeur absolue : la température d'une source (nous laissons bien entendu de côté les sources thermales) est influencée par l'ensemble des conditions extérieures, c'est-à-dire climatériques. Elles indiquent d'une façon générale la température annuelle du lieu d'où elles sortent. C'est ainsi que celles qui s'échappent des monts Dores à une altitude considérable sont sensiblement plus froides. D'autre part, ce sont les sources qui viennent au jour à l'extrémité des coulées qui offrent le moins de variations (Lecoq) ; elles ont été précisément utilisées dans les établissements de pisciculture de Saint-Genès-l'Enfant et de Theix.

Les ruisseaux et les rivières ressentent naturellement d'une façon bien plus directe les effets de la variation de température extérieure. Il n'est pas de notre ressort de rechercher les causes complexes qui déterminent la température d'un cours d'eau, ni de dégager les lois générales de sa variation. Mais il serait important, au point de vue pratique, de dresser pour chacune de nos rivières le tableau exact de cette température, variable d'un point à l'autre du cours, variable d'une vallée à l'autre, variable enfin dans le temps. Bien des particularités concernant la distribution et la biologie des êtres aquatiques seraient ainsi éclaircies au profit de la pisciculture aussi bien que de la pêche.

Nos observations sont poursuivies d'une façon méthodique depuis trop peu de temps pour que nous puissions encore achever ce tableau. Nous avons pu cependant constater entre des cours d'eau voisins des différences assez sensibles pour influer sur la répartition au moins temporaire des espèces et intervenir parmi les causes de migrations. Nous donnons ici simplement à titre de documents le relevé de quelques températures constatées :

L'Auzon (Theix)	5ʰ 15 mat.	13°	17 juin.		
— —	7 40 soir	14°	24 —		
Ruisseau de Randanne.....	6 30 mat.	13°	17 —		
La Gorce (pont de Sauzet)..	7 20 —	11°	17 —		
Sioulet (Chevalier)........	7 55 —	13°	17 —		
Ruisseau de Louire........	8 30 —	10°5	17 —		
Ruisseau des Mortes.......	10 —	14°	17 —		
Lac de Guéry (surface).....	9 30 —	18°	17 —		
— (émissaire)...	10 40 —	17°	17 —		
L'Artière (pont d'Aubière)..	5 20 —	14°5	20 —		
Couze Chambon (Chadeleuf).	6 15 —	15°2	24 —	(tempʳᵉ atmqᵘᵉ 14°)
Couze Chambon (les Granges)	9 —	15°7	24· —	(id. 19°)
Lavadoux................	2 30 soir.	3°5	16 déc.	(id. 3°)
Monne...................	3 —	3°	16 —	(id. 45°)
Chadeyre................	3 30 —	3°	16 —	(id. 3°)
Couze Chambon..........	3 50 —	3°	16 —	(id. 3°)
Allier (Les Martres)......	3 5 —	1°5	5 févr.		
Monne (embouchure)	3 15 —	7°5	5 —		
Monne...................	4 —	7°5	7 —		
Allagnon (Combelle).......	3 —	5°5	3 mars.		
Allier (confluent).........	4 —	6°	3 —		

4

Composition chimique

L'influence de la composition chimique du milieu est mise nettement en évidence par l'étude biologique de nos eaux minérales et des travertins qu'elles déposent.

Les botanistes, depuis Delarbre, ont insisté sur l'existence dans notre région du Centre d'une florule maritime (ou halophile) caractéristique des terrains arrosés par les eaux minérales (terrains salés). Dans d'autres travaux (1), nous avons signalé la présence parallèle d'une faunule supérieure composée d'une série d'espèces d'Insectes aquatiques ou terrestres. Il est certain que l'inventaire de cette faunule halophile sera sensiblement augmenté par les recherches ultérieures, du même ordre que celles que Florentin (2) a consacrées aux mares salées de la Lorraine.

D'autre part, en laissant de côté les eaux thermales ou minérales, les différentes sources, suivant leur température, c'est-à-dire suivant leur altitude, et surtout suivant leur gisement géologique, montrent des différences de composition chimique considérables. Nos ruisseaux et nos lacs sont loin aussi d'être identiques. L'étude comparée de la composition chimique des eaux s'impose donc en première ligne dans la série des études qui nous occupent.

Or, il nous aurait été impossible de fournir des documents à ce sujet, si M. le professeur Gros, le distingué directeur du laboratoire municipal de Clermont, n'avait mis à notre entière disposition les résultats des très nombreuses analyses qu'il a faites depuis la fondation du laboratoire. Nous ne saurions trop le remercier ici de son désintéressement (3).

(1) Bruyant et A. Eusébio, *Sur la faunule halophile de l'Auvergne*, « C. R. Acad. Sciences », 22 janvier 1900. — Id. « Bull. Soc. Ent. », 1900, n° 20. — Id. « Bull. hist. et scient. de l'Auvergne », 1901, n° 1.

(2) Florentin, *Recherches sur la faune des mares salées de la Lorraine*, « Ann. Sciences naturelles: Zool. », 1899.

(3) Ces analyses ont été faites suivant les procédés indiqués dans l'instruction relative aux conditions d'analyse des eaux destinées à l'alimentation publique. (Comité consultatif d'hygiène publique de France).

Sources des Terrains cristallins

SOURCES	DEGRÉ hydrotimétrique total	DEGRÉ hydrotimétrique persistant après ébullition	RÉSIDU sec à 100°	RÉSIDU sec à 180°	SILICE	CHAUX	ACIDE sulfurique anhydre	CHLORE	OXYGENE emprunté au permanganate en solution alcaline	NITRATES	NITRITES
Chabreloche.	1°5	1°5	28	18	»	»	traces	17	0,375	N	N
Celles.	3°	3°	65	47	»	»	id.	traces	1,5	N	N
Thiers (eau de la Porte-Neuve).	2°	1°	»	50	11	17	7	7,1	2,25	10,3	N
Ambert (source n° 1).	1°	1°	40	32	17	9	traces	3,2	1,3	2,5	N
— (— n° 2).	1°	1°	37	28	11	6	id.	3,2	1,3	4,2	N
— (— n° 3).	1°	1°	48	37	16	10	id.	3,2	1,07	3,3	N
— (fontaine de l'Hôtel-Dieu).	2°	2°	57	41	24	8	id.	5,7	4,8	3,3	N
Mauriac (eau d'alimentation).	2°	2°	48	32	10	10	8	4,5	1,07	6,6	N
Rivière des Bruyères (St-Gervais).	1°	1°	80	»	57	N	»	»	»	»	»
Saint-Agoulin (eau d'alimentation)	2°	2°	96	64	14	15	6	10,65	1,34	10,1	N
Avèze (eau d'alimentation).	3°	2°5	30	20	5	10	5	7,02	1,8	3,6	N
Tauves (eau d'alimentation).	1°	»	54	43	»	»	N	3,55	1,2	N	N
Bagnols.	2°	1°5	41	27	»	»	N	2	0,24	N	N
Chautignat.	2°5	1°5	68	50	»	»	traces	2	0,3	N	N
Murols.	3°	2°5	103	86	»	»	id.	2	0,1	N	N

Les chiffres expriment en milligrammes la quantité par litres. Le signe » indique que la substance n'a pas été recherchée dans l'analyse, et la lettre N que la substance n'a pas été révélée par l'analyse.

Sources des Terrains tertiaires

SOURCES	DEGRÉ hydrotimétrique total	DEGRÉ hydrotimétrique persistant après ébullition	RÉSIDU sec à 100°	RÉSIDU sec à 180°	SILICE	CHAUX	ACIDE sulfurique anhydre	CHLORE	OXYGÈNE emprunté au permanganate en solution alcaline	NITRATES	NITRITES
Crevant	21°5	7°	356	257	»	»	23	14,2	0.427	N	N
Orléat	11°	5°	188	160	»	»	9	5	0,5	N	N
Courpière (source n° 1)	23°5	16°5	620	306	»	»	80	35,5	1,6	N	N
— (— n° 2)	23°5	8°5	»	»	»	»	48	»	»	»	»
— (— n° 3)	25°	12°	»	560	40	131	179	7	2	traces	N
Aubière (source n° 1)	29°	8°	»	362	23	131	traces	7	3,4	0,82	N
Pérignat	22°	3°	»	329	36	74	»	10	1,8	10,8	N
Orcet	26°	»	»	»	»	»	»	»	»	»	»
Mirefleurs (source n° 1)	49°	9°	540	179	»	»	28,5	4,26	0,549	»	N
— (— n° 2)	29°5	6°	356	102	»	»	»	1,8	1,3	N	N
— (— n° 3)	24°5	4°	314	62	»	»	13	2,3	0,976	N	N
Coudes (eau d'alimentation)	16°	3°	»	202	27	66	traces	10	1	24	N
Chadeleuf	28°75	9°	422	311	»	»	15	5	0,06	N	N
Pauliat (Saint-Floret)	25°5	10°2	517	390	»	»	12	4,3	1,2	N	N
Grangette (Saint-Floret)	26°	10°5	355	296	»	»	10	8,5	1,8	N	N
Hauterive	36°5	1°5	»	230	»	160	»	19,8	1,9	22	N
St-Germain-Lamb. (eau d'aliment.)	27°5	5°	»	396	»	174	10	17,7	1,25	20	N
— (eau de puits)	32°	7°	»	880	»	174	68	134,9	2	75	N
Saint-Gervasy	24°	3°	»	»	40	130	N	7	2,7	56	N
La Meilhaud	30°	8°	»	338	36	93	20	4,3	0,7	0,3	N
Thiers (eau de la Gare)	15°	9°5	»	264	»	60	27	31,9	0,75	50,5	N
— (eau de puits)	20°	7°	»	356	»	89	66	31,9	2.25	11	N

Sources des Terrains volcaniques *(Dômes et Dores)*

SOURCES	DEGRÉ hydrotimétrique total	DEGRÉ hydrotimétrique persistant après ébullition	RÉSIDU sec à 100°	RÉSIDU sec à 180°	SILICE	CHAUX	ACIDE sulfurique anhydre	CHLORE	OXYGENE emprunté au permanganate en solution alcaline	NITRATES	NITRITES
Source du Barbier (Mont-Dorc)....	1°5	1°3	56	54	33	traces	4	1,2	0,3	N	N
Rochefort-Montagne (eau d'aliment.)	3°5	3°5	95	»	30	15	5,5	6,4	1,7	1,3	N
Beaune-le-Froid................	4°5	3°5	105	82	»	»	5,5	3,2	0,927	N	N
Manson (analyse n° 1)...........	6°	5°5	»	95	34	21	N	2,3	1,3	traces	N
— (analyse n° 2)...........	6°	5°5	»	95	34	21	N	2,3	1,3	id.	N
Clermont [1] (source Marpon)	6°	3°	132	25	»	45,6	»	3,5	0,75	N	N
— (Regard Lussaud)(Finot).	4°5	»	148	»	44	14	1	5,4	»	»	»
— (Château d'Eau) (Finot) Février.	4°2	»	140	»	35	13	1,8	5,4	»	»	»
— — — Mai...	4°2	»	134	»	34	12,6	1,6	5,4	»	»	»
Theix......................	5°	4°5	98	88	30	26	9	4,6	0,8	6,6	N

(1) Cf. VIGENAUD et GIROD : *Topographie médicale de la ville de Clermont-Ferrand*, Paris, Soc. Ed. Scient., 1891.

Volume des eaux et vitesse, température et composition chimique, origine géologique et situation géographique : voilà donc autant de facteurs qui influent sur la répartition des espèces vivantes. C'est seulement lorsqu'on sera en possession de tous ces éléments qu'il sera possible d'expliquer de nombreuses particularités qui semblent étranges au premier abord. Ce sont là encore des données essentielles pour le praticien qui voudra entreprendre d'une façon rationnelle la culture de notre domaine hydrographique.

Ces conditions biologiques que nous ne pouvons encore déterminer d'une façon complète, mais au sujet desquelles nous avons essayé d'apporter les quelques documents qui précèdent, ont ainsi pour caractère essentiel d'être extrêmement variables. « Cette variété est commandée par la » différence de climat des régions que le cours d'eau traverse, par l'origine de ses eaux, la nature du sol où il » coule, le tribut varié de ses affluents. » Aussi doit-on chercher les éléments de l'histoire bionomique d'un cours d'eau « surtout dans ses conditions extrinsèques, dans l'allure et la composition des terrains qu'il traverse, dans » les étapes et le résultat du conflit qu'il a engagé contre » eux pour conquérir son droit à l'existence : c'est-à-dire » dans l'histoire de son évolution. » (Pruvôt, *loc. cit.*).

CHAPITRE III

Documents biologiques

Sous le nom général de *plancton* on désigne l'ensemble des êtres vivants, animaux et végétaux inférieurs (Protozoaires, Rotifères, Entomostracés, Algues, etc.), qui nagent ou flottent passivement dans l'eau. Nous aurons plus loin à insister sur le plancton des lacs qui, depuis quelques années, a été l'objet de nombreuses études. Mais les eaux courantes ont également leur plancton : plancton de fleuve ou *potamoplancton*. Les premières recherches à ce sujet ont été faites par Bruno Schröder ; elles se rapportent au Rhin, à Ludwigshafen, et à l'Oder, à Breslau. Le bassin du jardin botanique de cette ville a pu permettre la comparaison avec le plancton homologue des eaux tranquilles. L'Oder a présenté une faune de 47 espèces dont 4 seulement faisaient défaut dans le bassin alors que celui-ci renfermait 60 espèces dont 17 inconnues dans le fleuve. Le plancton de l'Oder offre parmi les espèces typiques, *Asterionella formosa*, *Melosira granulata*, *Dinobryum* (individus isolés), toutes formes que nous rencontrons dans nos lacs. Il s'agit là d'un plancton spécial aux eaux coulant très lentement. Nous manquons de documents concernant le plancton de rivières à régimes divers comme l'Allier.

Et d'ailleurs le cours d'une rivière n'est point un corps homogène : sans parler des *laisses* qui restent en communication avec l'eau courante, la configuration variée de la rive permet en maints endroits la formation de nappes tranquilles où les êtres évoluent comme dans les étangs ou le bord des lacs, qu'il s'agisse de la faune ou de la flore. Il est admissible dès lors que ces êtres soient souvent entraînés par le courant et prennent part à la composition du potamoplancton. Que dire enfin d'un ruisseau comme la Couze-Chambon qui traverse un lac où le plancton est d'une abondance excessive, sans qu'aucune barrière puisse l'arrêter au niveau du très large émissaire ? (1).

Flore

Sans parler de la flore nombreuse des bords, qui doit être étudiée à part, on peut citer une série de végétaux supérieurs qui se sont adaptés à l'eau courante et qui servent de substratum à toute une faune fixe (que par comparaison avec la faune des sols lacustres on pourrait appeler le *Potamobenthos*).

Les végétaux réellement caractéristiques des eaux courantes (plantes submergées) sont en réalité assez peu nombreux comme espèces, mais leurs agglomérations forment de vastes tapis d'un vert merveilleux et leurs longues touffes servent souvent d'abri aux poissons, dont le pêcheur n'ignore pas la retraite.

Parmi les Phanérogames, le *Callitriche vernalis* est par excellence l'habitant des eaux vives ; le *C. stagnalis* recherche au contraire les courants moins rapides. Une espèce très caractéristique est aussi le *Ranunculus fluitans* à laquelle on peut ajouter *R. aquatilis* et, à un moindre degré, *R. trichophyllus*, toutes espèces fort répandues. — Les Potamogetons, si nombreux dans les eaux tranquilles, s'aventurent parfois dans des eaux courantes : *Potamogeton crispus, lucens* et var. *longifolius*, *P. natans*, var. *fluitans*, et même *P. pusillus* et *P. perfoliatus*.

Les Muscinées fournissent un apport assez sérieux à cette flore spéciale. La plus répandue est sans contredit *Fontinalis antipyretica* ; mais à cette espèce se joignent un certain nombre d'autres fort intéressantes, habitantes pour la plupart de nos ruisseaux de montagne.

Hypnum dilatatum.	*Amblystegium irriguum.*
» *ochraceum.*	» *fluviatile.*

---

(1) L'émissaire du Pavin renferme en abondance une hydre rouge qui se nourrit probablement du plancton entraîné par les eaux du lac.

Eurynchium rusciforme.   *Orthotricum rivulare.*
Fontinalis squamosa.   *Cinclidotus fontinaloïdes* (1).

Avec le *potamoplancton*, cette flore subvient à l'existence d'une faune inférieure phytophage, aux dépens de laquelle vivent alors des espèces carnassières. Les documents font défaut pour dresser la liste complète de la faune de nos eaux courantes. Toutefois il est possible d'en signaler quelques types saillants qui se rapportent à des groupes fort divers : Spongiaires, Cœlentérés, Vers, Mollusques, Arthropodes et Vertébrés.

Faune

Spongiaires et Cœlentérés. — Les *Hydra* (2) préfèrent les eaux stagnantes ou à courant faible. Nous avons pourtant déjà signalé la présence de l'*Hydra rubra* dans les eaux très rapides de l'émissaire du lac Pavin. Les *Spongillides* recherchent par contre les eaux qui se renouvellent rapidement et fournissent une série d'espèces intéressantes. La faune française, étudiée par le profess. Girod, comprend les formes suivantes :

> *Spongilla lacustris.* Auct.
> »   *fragilis.* Leydig.
> *Trochospongilla horrida.* Weltn.
> *Ephydatia fluviatilis.* Auct.
> »   *mülleri.* Liebn.

La *Sp. lacustris* présente une forme spécialement adaptée à l'eau courante, caractérisée par la multiplication des spicules qui forment à la gemmule un revêtement compact ; var. : *jordaniensis, Wedj.* Elle se trouve dans nos rivières en compagnie de *Ephydatia fluviatilis* et *mülleri* (3). Les autres

(1) Héribaud Joseph, *Les Muscinées d'Auvergne,* ouvrage couronné par l'Institut. Paris-Clermont, 1899.

(2) Nous n'avons pas à rechercher *Cordylophora lacustris* puisque *Dreyssensia* n'atteint pas notre région.

(3) Girod, *Consid. sur la distrib. géogr. des Spongilles d'Europe,* « Bull. de la Société zool. de France », 1899.

spongilles sont fort rares : l'indication de *fragilis* a été donnée par Topsent (1).

VERS. — L'embranchement des vers n'a encore été l'objet d'aucune publication. La plupart des espèces indigènes habitent, il est vrai, les eaux stagnantes, mais quelques-unes se rencontrent également dans nos ruisseaux. En effet, sur les 69 espèces de Turbellariés constituant l'ensemble de la faune : *Microstoma canum, Macrostoma viride, Mesostoma segne, Vortex truncatus, Planaria alpina, Pl. gonocephala, Pl. subtentaculata, Polycelis nigra, P. cornuta, Dendrocœlum lacteum* (ces dernières très communes) sont signalées par Wolz (2) dans les cours d'eau de Suisse. — Les *Gordius* adultes se rencontrent fréquemment dans les sources vives et les petits ruisseaux de nos montagnes ainsi que de nombreux *Oligochètes* de petite taille.

MOLLUSQUES. — Nous possédons un « Catalogue des espèces et variétés de mollusques terrestres et fluviatiles observés jusqu'à ce jour, à l'état vivant, dans la haute et la basse Auvergne » (3), dû à J.-B. Bouillet. Plus récemment, MM. Wattebled (4), Auclair (5) et Dumas (6) nous ont décrit la faune conchyliologique de l'Allier. Cette somme de matériaux est ainsi suffisante pour donner une idée générale de la faune indigène.

A vrai dire, la remarque que le botaniste fait à propos de la végétation pourrait se répéter de la population animale : sur l'ensemble des formes aquatiques il y a relativement très peu

(1) TOPSENT, *Note sur les Spongilles de France*, « Bull. S. Z. F. », 1893.

(2) W. WOLZ, *Contrib. à l'étude de la Faune turbellarienne de la Suisse*, « Revue suisse de Zoologie », t. VIII, fasc. 2, août 1901. — Cf. aussi Zchokke, *Die Thierwelt der Hochgebirgsseen*, Zurich, 1900.

(3) *Annales de l'Auvergne*, Clermont, 1836.

(4) WATTEBLED, *Catal. d. mollusq. terr. et fluv. d. env. de Moulins*. 1880.

(5) A. AUCLAIR, *Coquilles terr. et fluv. du dép. de l'Allier*, « Revue scient. du Bourb. et du Centre », 1889-1890, Moulins.

(6) DUMAS, *Conchyliologie bourbonnaise : Mollusq. aquat.*, « Rev. scient. du Bourbonnais et du Centre », Moulins, 1895.

d'espèces caractéristiques des eaux courantes ; le fait est surtout manifeste pour les *Gastéropodes*.

. Les *Lymnées* et les *Planorbes*, si communes dans les étangs, les laisses, les canaux, ne peuvent compter parmi ces dernières. Les *Physes* sont peut-être moins exclusives et s'égarent souvent dans nos ruisseaux et nos fontaines, ainsi que quelques rares espèces de *Vivipara* et de *Valvata*. Par contre, dans toutes nos eaux vives abondent les coquets bonnets phrygiens des ancyles (*Ancylus simplex*), fixés aux pierres et aux roches submergées.

Enfin nous pouvons signaler le gisement de *Theodoxia fluviatilis* ; cette espèce avait été recherchée sans succès dans l'Allier par Bouillet et Dumas ; Auclair l'a citée de la Loire à Dioux et à Ganney. Or, Duchasseint l'a découverte dans la rivière d'Allier, à Pont-du-Château, au niveau des anciens bâtiments de l'Intendance.

C'est donc parmi les Lamellibranches que nous trouvons le plus grand nombre d'espèces à citer. A côté de quelques *Pisidium*, la grande famille des *Unionides*, avec les genres *Margaritana*, *Unio*, *Anodonta* et *Dreyssensia*, constituent le fonds de la population des cours d'eau.

La présence de *Margaritana elongata* (type et formes voisines) a été constatée dans le Sichon, la Besbre, l'Aumance et les affluents de droite de la Dordogne.

Parmi les *Unios*, Dumas et Auclair citent les formes suivantes :

. *Unio rhomboideus*. — Allier, Loire, Besbre, Aumance, Sioule, etc. C. C.

» *rotundatus*. — Aumance. A. R.

» *nanus*. — La Quenne, Allier. A. R.

» *melas*. — Loire. A. R.

» *mancus*. — Allier. R.

» *nianculus*. — Allier. A. R.

» *crassus*. — Cher, Aumance.

» *crassatellus*. — La Quenne, Allier.

» *amnicus*. — Allier. A. R.

Unio batavus. — Loire, Allier. A. R.

   »   *batavellus.* — Loire, Allier, Sioule, Besbre, Cher, Aumance. CC.

   »   *senauxi.* — Allier. A. R.

   »   *adonus.* — Allier. R.

   »   *lamboltei.* — Loire, Cher. A. R.

   »   *balbignyanus.* — Allier. A. C.

   »   *brindosopsis.* — La Quenne. A. R.

   »   *hospitali.* — Allier. A. R.

   »   *requieni.* — Besbre, Sioule, Valançon, La Quenne.

   »   *hydrelus.* — Allier. R.

   »   *mucidellus.* — Allier. R.

   »   *gestroianus.* — Allier. C. C.

   »   *rostratellus.* — Allier, Cher, Sioule, Besbre, Aumance. C. C.

   »   *tumidus.* — Allier, ruisseau de Bressoles. R.

Les *Anodonta* recherchent de préférence les eaux stagnantes. Cependant nous ne pouvons omettre ce genre qui compte parmi ses représentants les plus grandes espèces de la faune aquatique. Quelques-unes sont d'ailleurs signalées comme provenant de la Besbre (*A. mitis*) ou de l'Allier (*A. icana, subpondcrosa, dupuyi, macrostoma, incrassata, florcntiana, sturmi, glabra, arealis,* etc.).

Enfin les espèces du genre *Dreyssensia* n'ont pas encore été trouvées dans les limites du Puy-de-Dôme. Certaines forment pourtant de nombreuses colonies dans la Loire, l'Allier, le Cher (*D. fluviatilis*) et le canal du Berry (*D. fluviatilis, arnouldi, belgrandi*).

ARTHROPODES. — Les Arachnides et les Insectes contribuent à peupler nos eaux courantes de formes variées ; aux premiers se rapportent les *Hydrachnides* dont quelques-unes sont commensales des *Unios* et des *Anodontes (Atax crassipes, A. ypsyliphorus)*, aux autres une multitude d'espèces plus ou moins spécialement adaptées à la vie aquatique.

Insectes. — Dans certains cas ce sont les adultes dont la

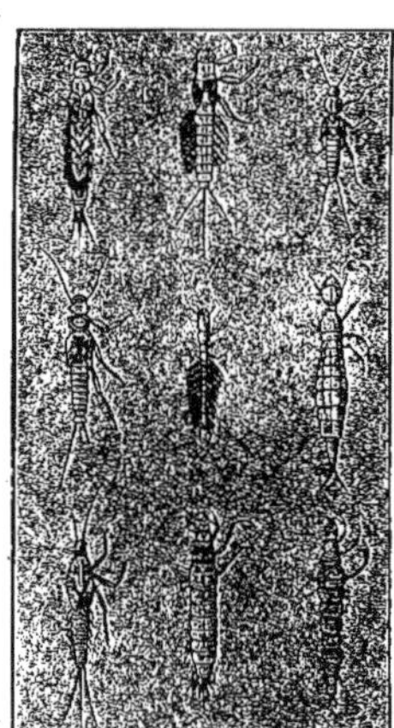

Types de Larves d'Insectes

1. Larve de *Ephemera vulgata* (Tümpel). — 2. *Potamanthus luteus* (Tümpel). — 3. *Capnia nigra* (Tümpel). — 4. *Perla maxima* (Tümpel). — 5. *Gyrinus* (J. du Val). — 6. *Dytiscus* (J. du Val). — 7. *Cloeon dipterum* (Tümpel). — 8. *Phrygane*. — 9. *Rhyacophila*.

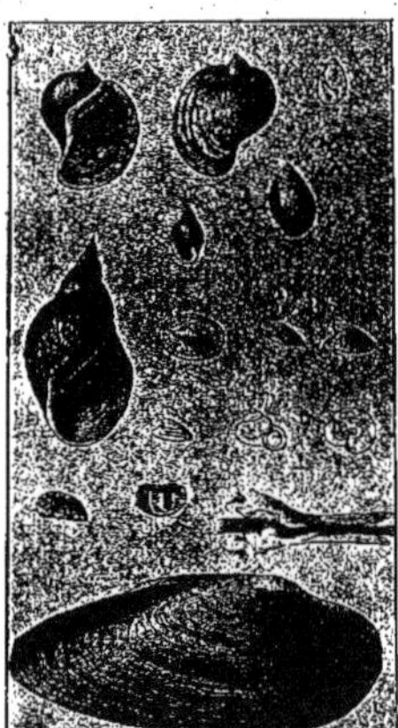

Types de Mollusques

1. *Physa fontinalis, var. inflata* (Moquin-Tandon). — 2. *Physa acuta, var. gibbosa* (Moq.-Tandon). — 3. *Physa acuta, var. castanea* (Moq.-Tandon). — 4 et 5. *Limnæa auricularia* (Moq.-Tandon). — 6. *Limnæa stagnalis* (Moq.-Tandon). — 7, 8, 9, 10. *Ancylus simplex* (Moq.-Tandon). — 11 et 12. *Valvata piscinalis* (Moq.-Tandon). — 13 et 14. *Theodoxia fluviatilis* (Moq.-Tandon). — 15. *Unio* (Moq.-Tandon). — 16. Charnière d'*Unio* (Moq.-Tandon).

(Dessins à la plume du frère d'un des Auteurs, M. Eugène Eusébio)

forme extérieure répond au nouveau genre d'existence, sans
que le mode de respiration soit aucunement modifié : (*Dytiscides*, *Gyrinides*, *Hydrophilides* [Coleopt.], etc.).Ce n'est que bien
rarement que l'insecte parfait est doué d'organes de respiration aquatique (fausses branchies), comme on en a signalé
chez quelques Perlides exotiques ou indigènes (*Pteronarcys
regalis, Diamphipnoa lichenalis, Nemoura lateralis, N. cinerea*, etc.). Ces fausses branchies ou branchies trachéennes,
diversement disposées, constituent, au contraire, les organes
de la respiration de nombreuses larves ou nymphes aquatiques.

Somme toute, les larves aquatiques évoluent pour donner
un adulte capable de quitter l'eau temporairement ou même
doué d'une existence exclusivement aérienne. Celui-ci assure
ainsi par le transport de ses œufs une large dissémination de
l'espèce. Le fait est particulièrement net chez les Diptères et
les Névroptères. On ne saurait omettre ces derniers dans l'é-
numération du contingent aquatique, car formant parfois des
essaims innombrables (Ephémérides), ils viennent lors de la
ponte périr à la surface des eaux et procurer ainsi à tous les
carnivores un abondant supplément de nourriture.

La faune entomologique de nos eaux est donc très hétéro-
gène : larves et adultes aquatiques ou bien larves aquatiques
avec adultes aériens, contribuent de part et d'autre à sa composition.

Parmi les *Dytiscides*, *Gyrinides* et *Hydrophilides*, un bon
nombre d'espèces ont été capturées dans nos eaux courantes :

Brychius elevatus.		*Hydroporus discretus.*	
Hydroporus geminus.		»	*celatus.*
»	*semirufus.*	»	*nigrita.*
»	*minutissimus.*	»	*marginatus.*
»	*elegans.*	*Agabus maculatus.*	
»	*davisi.*	»	*guttatus.*
»	*12-pustulatus.*	«	*biguttatus.*
»	*sanmarki.*	»	*didymus.*
»	*planus.*	»	*nitidus.*

Agabus brunneus.

» congener.

» chalconotus.

» sturmi.

» bipustulatus.

Ilybius ater.

Dytiscus dimidiatus.

» punctulatus.

Cybisteter laterimarginalis.

Laccophilus obscurus.

Orectochilus villosus.

Gyrinus urinator.

» natator.

» dorsalis.

Henicocerus exsculptus.

Octhebius foveolatus.

Hydraena nigrita.

» riparia.

» gracilis.

» producta.

Hydrous caraboïdes.

Anacaena globulus.

Helochares lividus.

Laccobius nigriceps.

» alutaceus.

» minutus.

» sinuatus.

Limnichus pygmaeus.

Parnus lutulentus.

» prolifericornis.

» niveus.

» obscurus.

Dryops substriatus.

Elmis œneus.

» wolkmari.

» opacus.

» mülleri.

» pygmaeus.

» parallelipipedus.

Limnius dargelasi.

Heterocerus fossor (1), etc.

Les Hémiptères aquatiques se répartissent entre les familles suivantes : *Hydrométrides, Pelegonides, Naucorides, Népides, Notonectides, Corisides*. Parmi les *Hydrométrides*, habitants de la surface, les *Velia (V. currens)* habitent toutes les parties tranquilles de nos ruisseaux, ainsi que diverses espèces de *Gerris* (*G. paludum, najas, costae, thoracica, gibbifera*) ; les autres Hémiptères sont plus spéciaux aux eaux stagnantes. Cependant nous avons retrouvé, très abondante dans l'Allier, une espèce de petite taille : *Sigara minutissima*. Comme les *Corisa*, cette espèce possède un appareil stridulant que nous avons

(1) Ces espèces se rencontrent aussi pour la plupart dans les eaux stagnantes en compagnie de toute une série d'autres appartenant soit aux mêmes familles, soit à des familles très diverses (*Chrysomelides : Donacia, Curculionides : Tanysphyrus, Cyphonides : Hydroscapha*, etc.).

décrit et dont l'existence a été confirmée par Lampert (1). La stridulation est assez perceptible et permet de retrouver l'Hémiptère dans les localités où il échapperait aux recherches en raison de l'exiguïté de sa taille.

Nous ne signalons que pour mémoire les rares Hyménoptères parasites qui peuvent pénétrer jusqu'au sein de l'eau pour y effectuer leur ponte (*Polynema natans, Prestwichia aquatica, Agriotypus armatus* (2), *Limnodytes* (3) *gerriphagus*, récemment décrit par Marchal), ainsi que les Lépidoptères dont les chenilles vivent sur les plantes aquatiques, tantôt nues et pourvues de branchies, tantôt protégées par un fourreau de soie et de feuilles (*Hydrocampides*).

Un certain nombre de Diptères ont aussi des larves aquatiques ; mais celles-ci semblent préférer les eaux tranquilles souvent impures et chargées de matières organiques (4). Toutefois les larves de *Simulium* se trouvent par colonies nombreuses sur les pierres et parmi les mousses aquatiques, dans les eaux courantes : elles peuvent au point de vue de la nutrition des espèces carnassières fournir un appoint qui n'est pas négligeable.

Ce sont surtout les Névroptères qui fournissent le plus fort contingent, sinon à la faune, du moins à la population aquatique, par leurs larves et leurs nymphes que l'on trouve dans toutes les eaux. Quelques-uns sont bien connus des pêcheurs et utilisés souvent comme esche. Ils se rapportent aux familles des *Perlides, Ephémérides, Libellulides, Sialides* et *Phryganides*.

Les larves du genre *Perla* comptent parmi les formes les plus caractéristiques des eaux courantes. On peut les observer sous toutes les pierres de nos ruisseaux de montagne. Certaines d'entre elles (*Perla maxima, P. marginata, P. cepha-*

(1) *Das Leben der Binnengewässer,* 1898.
(2) Cf. *Feuille des Jeunes Naturalistes,* 1895, p. 93.
(3) *Ann. de la Société entomologique de France,* 1900, p. 171.
(4) Telles sont les *Culicides,* les *Corethra, Chironomus, Limnobia* (*Macquart*), *Limnophila, Stratiomys, Helophilus, Eristalis,* etc.

lotes) ne craignent pas les plus forts courants ; d'autres, plus petites et plus faibles, se tiennent plutôt sur les bords (*P. virescens*) sans toutefois rechercher les eaux dormantes comme les larves de *Nemoura*, etc.

Les Ephémérides à l'état adulte apparaissent quelquefois en immenses essaims, comme on a pu le constater, au mois d'août 1897, à Clermont (1), où ces insectes formaient sur le sol une couche neigeuse de plusieurs centimètres d'épaisseur. Parmi leurs larves, les unes (*Ephemera, Palingenia*) sont fouisseuses et habitent les bords des cours d'eau. D'autres, à forme aplatie, se cramponnent aux objets immergés et peuvent résister aux courants même assez violents (*Bœtis*). D'autres encore sont essentiellement nageuses et recherchent les parties moins rapides. Celles de *Potamanthus* se trouvent dans les eaux tranquilles et s'entourent d'un fourreau formé de particules vaseuses. Il serait intéressant de découvrir dans l'Allier cette curieuse larve d'Ephéméride connue sous le nom de *Prosopistoma*, rangée d'abord par Latreille parmi les crustacés, étudiée en détail par Joly et Vayssière.

Les larves des *Sialides* ne se rencontrent guère que dans les eaux stagnantes. Il en est de même en général des larves de *Libellulides* dont quelques-unes pourtant s'aventurent dans nos ruisseaux. En revanche, celles des *Phryganides* y sont très communes. Les unes se construisent un fourreau quelquefois d'assez grande taille, composé de matériaux divers (sables, coquilles, fragments de végétaux) et de forme variable suivant les espèces. Ces larves peuvent se déplacer en traînant leur étui protecteur. D'autres se construisent des abris fixes, et bien souvent la pierre qu'on retire de l'eau porte à sa surface ces abris en forme de calotte ou de tubes sinueux formés de particules vaseuses (*Rhyacophilides, Hydropschides*). Les *Phryganides* sont d'ailleurs extrêmement nombreux en tant qu'espèces.

(1) Il s'agit ici d'une espèce de *Potamanthus*.

Crustacés. — Parmi les crustacés, toute une série de formes (*Copépodes* et *Cladocères*) prennent part à la formation du *plancton*. En outre, c'est parmi les représentants supérieurs de ce groupe que se range une espèce des plus intéressantes au point de vue de l'aquiculture : nous voulons parler de l'*Ecrevisse*.

L'*Ecrevisse* est loin d'avoir complètement déserté nos cours d'eau. Les pêcheurs de Clermont vont d'ordinaire la rechercher dans la Couze-Chambon et dans la Sioule en amont de Pontgibaud. Mais elle existe aussi dans la plupart de nos ruisseaux d'altitude. Elle est très abondante dans certains affluents du Sioulet, de la Dordogne et de la Rhue. Nous ne croyons pas que l'épidémie, qui a dépeuplé un grand nombre de régions, ait jamais touché à la nôtre. L'espèce n'a guère disparu que là où elle a été pêchée avec excès, là encore où des causes locales (pollution des eaux) lui ont été défavorables. On peut même la trouver encore non loin de Clermont, dans l'Artière, au niveau de la Poudrière.

Les écrevisses indigènes se rapportent à deux formes que l'on a distinguées sous les noms d'*Astacus fluviatilis* (écrevisse à pattes rouges) et *A. pallipes* (écrevisse à pattes blanches). Cette dernière est caractérisée par la présence d'une seule paire de tubercules à la base du rostre ; elle atteint d'ailleurs de moindres proportions. C'est l'espèce de nos ruisseaux de montagne.

Dans la même classe des Crustacés se place le genre *Gammarus* (1) dont les espèces sont bien connues des pisciculteurs. Ces crevettes d'eau douce abondent dans toutes les eaux vives ; elles constituent une certaine ressource pour l'alimentation de la Truite, mais elles seraient nuisibles à l'alevin qu'elles détruiraient à la période du sac vitellin (2).

---

(1) M. Berthoule a bien voulu nous remettre une forme aveugle appartenant au genre voisin et dont nous devons la détermination à l'obligeance de M. Chevreux. Ce *Niphargus* est abondant dans les canaux souterrains du laboratoire de pisciculture de M. Berthoule. (*N. Plateaui*, var. *robustus*, Chevreux, « Bull. S. Z. F. », 12 nov. 1901.)

(2) BOUTAN, *A. F. A. S.*, Pau, 1892, p. 228.

— L'*Asellus aquaticus* se rencontre souvent en compagnie des *Gammarus* parmi les végétaux aquatiques, bien qu'il semble préférer les eaux calmes.

Poissons (1). — La distinction en espèces sédentaires et migratrices est commode au point de vue pratique, car elle marque une différence entre deux groupes de poissons dont les méthodes de culture doivent être totalement différentes. Mais elle implique une restriction. Par espèces migratrices on entend celles dont l'existence se partage plus ou moins inégalement entre la mer et les eaux douces ; et il faut bien remarquer que par le terme de sédentaires on désigne simplement les espèces qui, à aucune époque de leur vie, ne se rendent à la mer, tout en demeurant capables d'effectuer des migrations fort étendues dans les limites d'un même bassin fluvial, comme le *Nase* parmi les *Cyprinides*, comme aussi la Truite (2).

Au point de vue de la distribution des espèces, notre réseau hydrographique peut être divisé en deux zones. Le cours supérieur de la Sioule, de la Dordogne et des affluents de l'Allier, ainsi que les affluents des deux premières rivières, forment la zone supérieure. La faune y est constituée à l'exclusion des autres espèces par la *Truite*, le *Vairon*, le *Chabot* et la *Loche franche*. Fatio estime que la ligne de séparation entre les deux zones se place à l'altitude de 1000 à 1100 mètres. Mais on observe dans quelques lacs beaucoup plus élevés un certain nombre d'autres espèces qui ne prospèrent que dans la zone inférieure des rivières.

ESPÈCES SÉDENTAIRES (3)

Perca fluviatilis, Perche. C.

Acerina cernua, Perche goujonnière, Grémille. — Allier, Dore.

---

(1) Duchasseint, *Matériaux pour la faune d'Auvergne : Notes ichthyologiques*, « Revue scientifique du Bourbonnais », décembre 1897.

(2) C. Bruyant, *Sur les mœurs de la Truite et du Vairon*, « Bull. de la Soc. centrale d'Aquiculture », 1899.

(3) Nous ne tenons aucun compte ici de la faune des étangs et des lacs.

Cottus gobio, Gargat (Dore), Chabot, Têtard. — Commune surtout dans la zone supérieure. Suivant les expériences que nous a communiquées M. Jacques, pisciculteur à Cortaillot (Suisse), cette espèce se rendrait fort nuisible en détruisant les œufs de Salmonides.

Gasterosterus leiurus. Epinoche. — Commune partout. La variété *brachycentrus* existe dans le petit ruisseau du Seillon, près Vichy (Fatio, Olivier). Dumas signale aussi la variété *elegans* dans l'Allier, la Quenne, etc.

Gasterosteus pungitius, Epinochette. — Nous n'avons jamais observé nous-mêmes cette espèce, pas plus d'ailleurs que Duchasseint. Olivier la cite du Cher (env. de Montluçon).

Lota vulgaris, Lote. — Allier et cours inférieur de la Dore.

Cobitis barbatula, Loche franche. — Commune jusque dans les petits ruisseaux. Il est intéressant de noter sa présence ainsi que celle du Vairon dans le ruisseau de Randanne, dont le cours se perd sous la lave après un parcours assez réduit et dont le bassin est ainsi complètement isolé.

Cobitis tænia, Loche de rivière. — N'est encore signalée que dans le bassin du Cher (Villate des Prugnes et Dumas).

Gobio fluviatilis, Goujon. C.

Barbus fluviatilis, Barbeau, Barbillon. C.

Tinca vulgaris, Tanche. C.

Cyprinus carpio (1). — La Carpe, qui constitue avec la Tanche le fond de la population des étangs, se prend également dans l'Allier. Les Carpes du perré de Mezel sont particulièrement connues des pêcheurs de la région.

Rhodeus amarus, Bouvière. — Cette intéressante petite espèce a été trouvée pour la première fois dans les limites de notre région par Givois dans la rivière d'Allier, où sa présence a été constatée de nouveau par Duchasseint.

Abramis brama, Brême commune. C.

---

(1) Nous signalons pour mémoire la race *aurantiaca* cultivée dans les étangs de Saint-Jean-d'Heurs, Bort, Néronde, avec la race rouge ou tachetée de la Tanche. — A signaler aussi le poisson rouge vulgaire : *Carassius auratus*.

Abramis bjœrkna, Brême bordelière. C.

Alburnus lucidus, Ablette commune, Feuille de saule. — Très commune dans la zone inférieure.

Alburnus bipunctatus, Spirlin. — Très commune dans la zone inférieure. Dumas signale comme commune dans le Cher, la Besbre, la Loire, *Alburnus mirandella*, qu'on ne peut en réalité séparer de *lucidus* (1).

Leuciscus rutilus, Gardon commun. C.

Scardinius erythrophtalmus, Rotengle, Gardon rouge. C.

Squalius cephalus, Meunier, Chevenne, Garbot, Chabot.

» *leuciscus*, Vandoise, Vendaise. C.

Les naturalistes de la région signalent le *S. souffia (Agassizi)* Blageon, comme ayant été pris dans l'Allier par Lecoq. Cette indication provient de Blanchard qui dit textuellement: « M. Lecoq, de Clermont-Ferrand, m'en a envoyé un très grand individu pêché dans l'Allier que j'ai hésité à reconnaître comme de la même espèce » (BLANCHARD, *Les Poissons de la France*, p. 408).

Phoxinus lœvis (2), Vairon, Bousière (Besse), Bouine (Ambert). — Espèce très commune partout, remontant aussi haut que possible dans la montagne. Fatio a constaté un mode particulier de dissémination de cette espèce qui, dans les Alpes, atteint jusqu'à 2700 m. « Ce robuste et aventureux petit poisson ne craint pas d'exécuter en troupes plus ou moins nombreuses de petits voyages sur la terre ferme, au travers de bandes de graviers ou de gazons humides, soit qu'il fuie une mare sur le point de se dessécher, soit qu'il tente de joindre à quelques mètres un filet d'eau courante. J'ai souvent rencontré de ces petites bandes errantes de vairons sautillant et culbutant sur une même direction, entre les herbes ou sur les pierres, soit en plaine, soit dans les Alpes. Plusieurs de ces hardis migrateurs périssent en route, mais il en

(1) Cf. Fatio, I, 431.

(2) Le *Ph. lœvis*, var. *montanus*, Blanchard, existe dans l'Aubrac où il est connu sous le nom de *vergne*. Cf. Belloc.

arrive toujours quelques-uns à bon port, et ainsi l'espèce gagne du terrain. Il y a là une perception instinctive du voisinage d'une autre eau, qui est certainement intéressante » (1). Nous avons, d'autre part, signalé les migrations en masses de cette espèce à l'époque de la fraie, migrations que les habitants de la montagne connaissent bien et qui leur permettent de capturer des quantités considérables de poissons. Cette montée se produit d'ordinaire à la fin de mai ou au commencement de juin, et se prolonge un nombre de jours variable suivant la température et les autres conditions atmosphériques.

Chondrostoma nasus, Nase. — Moreau n'admet que deux espèces dans le genre *Chondrostoma* : le *Ch. nasus* et le *Ch. genei*, ce dernier réparti dans la région du Var. Blanchard a considéré comme espèces distinctes *Ch. cœruleus* et *Ch. rhodanensis*. Enfin, Fatio rapporte la première de ces deux formes à *Ch. nasus*, mais conserve la validité de la seconde. C'est à celle-ci, *Ch. rhodanensis*, qu'Olivier, après examen des types de Blanchard, conservés au Muséum de Paris, rapporte les *Chondrostomes* « qui pullulent dans la Loire, l'Allier et tous leurs affluents, sauf le Cher, rivière dans laquelle ils ne remontent pas jusqu'à notre département. » (*Faune de l'Allier*, I, p. 150).

Le *Ch. rhodanensis* est connu des pêcheurs de l'Allier sous les noms tout-à-fait erronés de *Féra, Ombre-chevalier*, et surtout de *Lavaret*. C'est à peine si celui de Nase commence à se vulgariser. Par suite de cette confusion, les arrêtés administratifs visant le *Lavaret* interdisent en réalité la pêche du Nase pendant la même période que les *Salmonides* et l'autorisent au contraire à l'époque de la fraie. Certains pêcheurs sont d'ailleurs loin de s'en plaindre : le Nase au printemps remonte en bandes innombrables le cours de l'Allier, gagnant ainsi les affluents secondaires (2), tels que le Litrou, pénétrant même

----

(1) Fatio, *Adaption et variabilité des poissons en Suisse*, « Bull. S. Z. F. », 1899. p. 40.

(2) Le Nase ne serait connu dans la Dore que depuis quatre ou cinq ans.

dans les Couzes. Nous connaissons telle localité où on le capture en si grande abondance qu'on a pris le parti de le saler et de l'encaquer, comme le hareng. Il importerait de savoir si le Nase est aussi nuisible que le disent nombre de pêcheurs qui l'accusent de détruire le frai des autres Cyprinides. Le Nase est, en effet, un poisson de maigre valeur alimentaire et le profit ne serait peut-être pas grand à le laisser se substituer aux autres Cyprinides.

L'origine du Nase est fort discutée. Olivier « ne serait pas étonné que sa propagation soit due à l'Administration des Ponts-et-Chaussées qui pendant plusieurs années se procurait, pour les lâcher dans l'Allier, de soi-disant alevins de Truite, de Féra et d'Omble-chevalier (1) : c'est le *Chondrostoma* qui a dû être répandu sous ces dénominations » (Olivier, p. 151). Cette méprise semble pourtant difficile à admettre, à cause du peu d'analogie des espèces considérées et surtout de toute absence de culture du Nase dans les établissements appelés à fournir les alevins. Le Nase a été signalé dans l'Yonne pour la première fois en 1860 (Moreau, Belloc). Il n'est connu dans nos rivières que depuis 25 à 30 ans (2) et il est probable qu'il y est arrivé par l'intermédiaire des canaux.

Thymallus vexillifer, Ombre d'Auvergne, Ombre commune (3). — Les pêcheurs désignent encore cette espèce sous le nom d'*Ombre*-chevalier. Il s'agit là d'un poisson très intéressant qui devrait être protégé au même titre que les

---

(1) Il est très important, pour éviter toute confusion de la part des pêcheurs, d'insister sur ce fait que l'Omble-chevalier (*Salvelinus umbla*), la Féra (*Coregonus fera*), le Lavaret (*Coregonus lavaretus*), *n'existent actuellement dans aucune de nos rivières*. Toutes ces dénominations sont donc appliquées à tort à nos espèces, exception faite pour la faune introduite au Pavin et au Chauvet.

(2) « En 1876, écrit Moreau, j'ai été fort surpris d'en voir sur le marché de Moulins. A la question que je lui adressai pour savoir d'où venaient ces poissons, la marchande répondit qu'ils avaient été pris dans l'Allier. Ces poissons qui sont des *ombres*, ajouta-t-elle, ont été mis en rivière en 1872-1873. Probablement la Loire et ses affluents seront envahis par ces hôtes assez peu estimés. » (MOREAU, *Hist. nat. des Poissons de la France*, t. III, p. 431). — La prédiction de Moreau s'est amplement réalisée.

(3) Cf. CHABERT, *L'Ombre commune*, « Bull. Soc. Aq. », avril 1901.

autres Salmonides. Or, comme il se reproduit beaucoup plus
tard que ces derniers, c'est-à-dire en même temps que les
Cyprinides, et comme il n'en est fait aucune mention dans
les arrêtés prohibitifs, les pêcheurs ont toute latitude de le
capturer à l'époque de la ponte. Cette espèce n'est pas très
commune dans nos eaux (Allier, Dore), tandis qu'on la pêche
fréquemment dans le cours supérieur de l'Allier. En Suisse,
il remonte d'ordinaire en compagnie de la Lotte jusqu'à
1400 et 1900 mètres.

Trutta fario. — La Truite commune (1) est l'espèce par
excellence de nos eaux. Nos cours d'eau torrentiels de montagne peuvent être considérés comme les types des rivières
à Truite. Elles les nourrissent abondamment et leur offrent
les frayères les plus favorables. Il n'en est pas moins vrai
que la Truite habite aussi le cours de l'Allier dans son trajet
à travers le Puy-de-Dôme ; au dire des pêcheurs, elle trouve-
rait même à s'y reproduire. En aval de notre département,
elle ne se rencontre que tout-à-fait accidentellement dans
cette rivière.

Esox lucius, Brochet. C.

ESPÈCES MIGRATRICES

Salmo salar, Saumon. — La plus importante et d'ailleurs
la plus connue des espèces migratrices est sans contredit le
Saumon. Il n'est guère d'espèce qui ait été l'objet d'autant de
travaux et pourtant il s'en faut que toutes les particularités
de sa biologie soient encore élucidées. Nous ne pouvons songer à discuter ici ce que l'on est convenu d'appeler la question du Saumon ; on lira avec intérêt et profit le travail de

---

(1) La robe de la Truite est infiniment variable comme d'ailleurs la
forme. On sait que Fatio rapporte la Truite ordinaire et la Truite des lacs
(*T. lacustris*) à la même espèce qui dériverait elle-même de la T. de mer.
« A plus forte raison, ajoute-t-il, ne puis-je voir dans la plupart des espèces formées aux dépens de ces deux premières que des variétés, des races
et des sous-espèces locales plus ou moins profondément modifiées par des
habitats différents. » (*Bull. S. Z. F.*, p. 42).

M. Paulze d'Ivoy de la Poype où se retrouvent réunis de nombreux documents. Mais nous tiendrions à insister sur les rapports du *S. salar* et du *S. hamatus* (bécard) considérés par les ichthyologistes de la région (Dumas, Olivier, Duchasseint) comme deux espèces distinctes. Les bécards ne sont que des individus très généralement mâles du Saumon, « affichant d'une manière très exagérée le prolongement des os de la face et la courbure de la mâchoire inférieure qui, à un degré bien moindre, différencient d'ordinaire les mâles des femelles » (Fatio). Le bécardisme, d'ailleurs, n'est pas particulier à cette espèce. Nous possédons en collection un échantillon mâle de Truite capturé au Pavin et présentant ces caractères aussi nettement que les bécards de Saumon les plus accusés ; ces bécards de Truite se prennent assez fréquemment et sont bien connus des pêcheurs du lac.

En outre, certains pêcheurs admettent que le bécard ne se trouve que dans la Dore, le Saumon se localisant de son côté dans l'Allier ; or, nous pouvons affirmer que le bécard se pêche tout aussi bien dans l'Allier, en amont du confluent de la Dore.

Le Saumon remonte dans l'Allier jusqu'à La Veyrane (Ardèche), dans l'Allagnon jusqu'à Molompise, dans la Dore au moins jusqu'à Courpière, dans la Rhue jusqu'au saut de la Saule qui paraît lui opposer un obstacle infranchissable, dans la Dordogne au moins jusqu'à Port-Dieu ; il pénètre même probablement dans le Chavanon. Quant à la Sioule, il est totalement inconnu, à l'heure actuelle, dans le trajet de cette rivière dans tout le département.

Le cours inférieur de la Dore offre des lieux de ponte favorables à cette espèce ; nous connaissons l'emplacement des frayères de Pont-de-Dore ; on nous en a signalé dans la rivière d'Allier en amont des Martres. Mais c'est surtout dans le cours supérieur, à partir de la Haute-Loire, que le Saumon va frayer.

Nous mentionnerons pour mémoire le nom de *tacon* donné aux jeunes Saumons éclos sur les frayères et séjournant dans les eaux douces pendant les deux ou trois premières années de son existence, avant de descendre à la mer.

Trutta marina, Truite de mer. — D'après Olivier, la Truite de mer remonte la Loire et l'Allier, mais en petit nombre. Nous n'avons pas constaté nous-mêmes la présence de cette espèce dans notre région.

Alosa vulgaris, Alose commune. — Cette espèce remontait en nombre l'Allier dans certaines années ; actuellement elle semble avoir beaucoup diminué.

Alosa finta, Alose feinte ou finte. — Avec la précédente.

Flesus passer, Plie, Sole. — Ce poisson remonte au moins jusqu'à Pont-du-Château où on le capturait autrefois bien plus souvent. On nous l'a signalé également de la Dore. D'après Dumas il a disparu de la Besbre et il est très rare dans le Cher.

Accipenser sturio, Esturgeon. — On ne peut en signaler que de très rares captures. Olivier possède dans sa collection un individu de 76 centimètres de longueur pris dans l'Allier, près de Moulins, en mars 1880. Le Musée Lecoq renferme un autre exemplaire provenant de la même rivière.

Petromyzon marinus, Lamproie de mer. — Allier, Dore.

Petromyzon fluviatilis, Lamproie de rivière. — On a distingué pendant longtemps deux formes : *P. fluviatilis* et *P. planeri* que la plupart des ichthyologistes tendent aujourd'hui à réunir en une même espèce. La forme larvaire de cette espèce est bien connue sous le nom de chatouille ou chatrouille (*Ammocœtes branchialis*) ; elle abonde dans la vase où les pêcheurs vont la prendre pour s'en servir d'appât. L'adulte est commun dans l'Allier et dans la Dore. Cette espèce, après les premiers stades de son développement, gagnerait la mer d'où elle reviendrait pour assurer sa ponte.

Anguilla vulgaris, Anguille. — Cette espèce se trouve dans toutes nos eaux ; elle pénètre même dans certains de nos lacs élevés, tels que le Chauvet. On sait aujourd'hui qu'elle se reproduit à la mer.

Tableau des époques de fraye des poissons indigènes

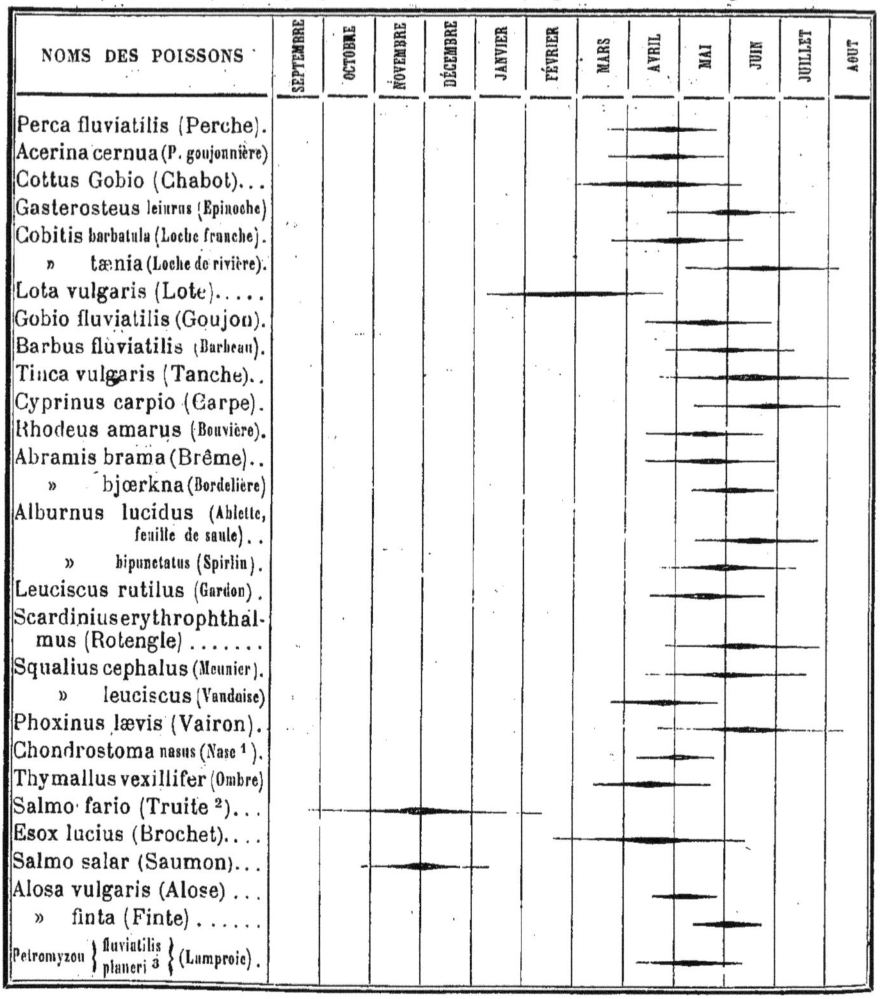

NOMS DES POISSONS	SEPTEMBRE	OCTOBRE	NOVEMBRE	DÉCEMBRE	JANVIER	FÉVRIER	MARS	AVRIL	MAI	JUIN	JUILLET	AOUT
Perca fluviatilis (Perche).							×	×				
Acerina cernua (P. goujonnière)							×	×				
Cottus Gobio (Chabot)...							×	×	×			
Gasterosteus leiurus (Epinoche)								×	×	×		
Cobitis barbatula (Loche franche).							×	×	×			
» tænia (Loche de rivière).									×	×	×	
Lota vulgaris (Lote).....					×	×	×					
Gobio fluviatilis (Goujon).									×	×		
Barbus fluviatilis (Barbeau).									×	×		
Tinca vulgaris (Tanche)..									×	×	×	
Cyprinus carpio (Carpe).									×	×	×	
Rhodeus amarus (Bouvière).								×	×	×		
Abramis brama (Brême)..								×	×			
» bjœrkna (Bordelière)									×	×		
Alburnus lucidus (Ablette, feuille de saule)..									×	×	×	
» bipunctatus (Spirlin).								×	×	×		
Leuciscus rutilus (Gardon).								×	×			
Scardinius erythrophthalmus (Rotengle).......								×	×	×		
Squalius cephalus (Meunier).								×	×			
» leuciscus (Vandoise)							×	×				
Phoxinus lævis (Vairon).								×	×	×		
Chondrostoma nasus (Nase [1]).							×	×				
Thymallus vexillifer (Ombre)							×	×				
Salmo fario (Truite [2])...		×	×	×								
Esox lucius (Brochet)....						×	×					
Salmo salar (Saumon)...		×	×	×								
Alosa vulgaris (Alose) ...								×	×			
» finta (Finte)......									×	×		
Petromyzon { fluviatilis / planeri [3] } (Lamproie).								×	×			

(1) *Ombre*-chevalier, Féra, Lavaret de nos pêcheurs.

(2) Le temps de fraye de la Truite varie considérablement avec l'altitude. Nous l'avons vu commencer au mois d'octobre et même fin septembre au lac de Guéry.

(3) Au point de vue de la détermination et de l'histoire de ces différentes espèces, aussi bien que des espèces introduites, on ne saurait consulter un manuel plus pratique, plus exact et plus précis que celui qu'a publié M. Raveret Wattel, directeur de la Station aquicole du Nid-du-Verdier, sous le titre d'*Atlas de poche des Poissons d'eau douce de France*, Paris, Klincksieck, 1900. — D'autre part, M. Belloc a écrit une étude très consciencieuse et très documentée sur les *Noms scientifiques et vulgaires des principaux poissons d'eau douce*, « Bull. Soc. centr. d'Aquiculture, 1898 ». Ces ouvrages sont indispensables aux naturalistes aussi bien qu'aux pêcheurs.

CHAPITRE IV

Etat des rivières — Pisciculture

La question de la pêche dans le bassin de la Loire a été traitée de main de maître par M. Paulze d'Ivoy de la Poype. Nous n'avons donc pas à revenir sur l'ensemble de cette question sous peine de répéter ce qui a été dit excellemment, et notre rôle se borne à préciser des points de détails particuliers à la région que nous étudions (1).

L'Allier est classé comme navigable jusqu'à Saint-Arcons et comme flottable jusqu'à Fontanes ; quant à la Dore, elle est classée comme navigable de l'embouchure au Pont de Lanaud sur un parcours d'environ 35 kilomètres. Ce sont donc les deux seules rivières du domaine de l'État et par suite les seules dont le cours soit divisé en cantonnements de pêche.

Ces cantonnements sont divisés de la façon suivante (2) :

1° Allier

Numéros des cantonnements	LIMITES DES CANTONNEMENTS	Longueur	Prix
1	De l'embouchure de la Leuge au pont suspendu du Saut-du-L^p.	8.657m	180f
2	Du 1er cantonnement à la limite des comm^{es} du Breuil et du Broc	5.950	610
3	Du 2e — au pont suspendu de Parentignat......	6.500	135
4	Du 3e —- à l'embouchure du ruisseau de Boissac.	4.900	105
5	Du 4e — à l'extrém. (côte de Coudes) des murs Perrache.	4.400	250
6	Du 5e — au chem. du dom. d'Arson ou de Chadieu.	6.050	130
7	Du 6e — au pont de la Goule..................	1.950	42
8	Du 7e — au pont de Mirefleurs.................	5.900	120
9	Du 8e — au pont de Cournon..................	5.050	750

(1) Au point de vue général, cf. Mersey : *La Culture des Eaux fluviales en France*, conférence faite à l'assemblée générale de la Soc. centrale d'Aquiculture et de Pêche, le 6 juin 1901. — *Bull.* 1901.

(2) Ces renseignements, que MM. les Inspecteurs des Forêts de Clermont ont bien voulu obligeamment nous communiquer, se trouvent aussi dans le travail de M. Paulze d'Ivoy de la Poype.

Numéros des cantonnements	LIMITES DES CANTONNEMENTS	Longueur	Prix
10	Du 9ᵉ cantonnement à la limite des commᵉˢ de Cournon et Dallet	3.800ᵐ	360ᶠ
11	Du 10ᵉ — à la limite des communes de Dallet et Pont-du-Chât. (riv. dr.)	3.800	415
12	Du 11ᵉ — au Pont-du-Château....................	2.200	325
13	Du 12ᵉ — à la limite des comm. de Pont-du-Ch. et Martres-d'Art. (riv. g.)	4.100	455
14	Du 13ᵉ — à la limite des comm. des Martres-d'Art. et de Joze (riv. g.).	4.400	350
15	Du 14ᵉ — à la borne kilométrique 141...........	4 000	210
16	Du 15ᵉ — à la borne kilométrique 137...........	4.800	230
17	Du 16ᵉ — à la limite des comm. de Crevant et de Vinzelles (riv. dr.).	3.700	180
18	Du 17ᵉ — à la limite des comm. de Vinzelles et de Charnat (riv. dr.).	4.400	235
19	Du 18ᵉ — au pont de Limons....................	4.400	235
20	Du 19ᵉ — à la limite du Puy-de-Dôme et de l'Allier.	5.600	1140

2° Dore

1	De Lanaud au ruisseau de Verrières.....................	3.500ᵐ	145ᶠ
2	Du précédent au barrage de Martignat....................	3.500	210
3	— pont de Dore.........	3.000	125
4	— pont du Chemin de fer....................	3.000	260
5	— poteau de réserve planté à 100ᵐ des épis de Barante.......	4.500	180
6	Du poteau de réser. placé à 100ᵐ des épis de Dorat au ch. des Arnauds.	4.500	180
7	Du précédent au ruisseau de Toucade....................	3.500	105
8	— au pont de Puy-Guillaume	3.500	105
9	— au chemin des Burdins....................	3.300	150
10	— à la rivière d'Allier....................	3.200	125

L'Allier est la principale voie suivie par les poissons migrateurs, dont les plus importants, au point de vuę économique, sont le Saumon et l'Alose. Or, c'est un fait universellement reconnu que la pêche de ces deux espèces a beaucoup diminué d'importance.

Tous les auteurs signalent l'abondance du Saumon dans nos rivières à une époque antérieure. « Dans le siècle dernier, ce poisson remontait la Sioule presque jusqu'à sa source auprès des monts Dores. Le comté de Pontgibaud, châtelain du lieu, avait une redevance qui lui produisait environ 150 saumons par an ; depuis 25 ans on n'en a pas pris un seul sur le domaine de Pontgibaud. Le marquis de Montboissier, châtelain à Pont-du-Château, sur l'Allier, avait une redevance d'au moins 1200 saumons en 1787. » (Blanchard, *loc. cit.*, p. 531).

En 1873 on prenait dans le tronçon de l'Allier qui s'étend de Coudes à Issoire, 249 Saumons dont le poids variait de 6 à 11 kilos. Dans la même année, un rapport adressé à l'ingénieur en chef de la navigation indiquait pour toute la partie domaniale de l'Allier la capture de 600 Saumons (1).

Les barrages constituent des obstacles sérieux à la remonte des poissons voyageurs (1). Certains d'entre eux ont été améliorés par l'installation d'échelles à poissons. Le barrage de Brioude, sur l'Allier, celui de la Combelle, sur l'Allagnon, sont ainsi aménagés. Mais les récriminations de nos pêcheurs concernent surtout le barrage de Vichy, qui commande pour ainsi dire toute notre région : or, ce barrage est dépourvu d'échelle. Désireux d'éclaircir autant que possible la question, nous nous sommes adressés à l'un de nos amis, à qui sa science de naturaliste et sa situation de Conseiller général donnent pleine autorité en la matière. M. Givois a bien voulu nous autoriser à reproduire ici les renseignements qu'il nous avait donnés.

« Le barrage de Vichy est dépourvu d'échelle à poisson, mais il possède un déversoir en plan incliné (rive gauche), que l'on ne ferme qu'en temps de grande sécheresse. Si le fait a lieu en temps ordinaire, c'est pour débrider 1 mètre de barrage sur la rive droite, afin de pouvoir enlever les détritus apportés par le ruisseau égout des Rozières qui se déverse à quelques mètres au-dessous du barrage. Réglementairement le barrage est relevé du 1er juin au 15 septembre. Quelquefois on le maintient jusqu'à la fin de ce dernier mois ; c'est afin de laisser arriver la quantité d'eau nécessaire pour enlever la vase déposée dans le lac et éviter la formation des flaques d'eau où périssent des milliers de petits poissons. A en juger par l'époque où le barrage est relevé, on voit qu'alors même qu'il serait complètement clos, il ne peut guère nuire à la remonte des poissons migrateurs. En outre, grâce au déversoir

---

(1) Rico, *L'Aquiculture en Auvergne*, « Bulletin de la Société d'Acclimatation », 1876.

et à l'existence de quelques vides dans le barrage, les poissons, même mauvais nageurs, peuvent gagner le lac (1).

» On peut constater ce fait à propos du Nase, que les pêcheurs appellent Ombre. Par certains temps on voit ce poisson remonter en bande le déversoir. Quelques-uns cependant sont entraînés par le courant et rebondissent par-dessus les pierres qui encombrent souvent le chenal à la base : avec une simple épuisette tenue au-dessus de l'eau, on peut ainsi en faire une pêche merveilleuse. Le Nase paraît beaucoup se plaire dans le lac d'amont où on le voit en troupes fouiller dans la vase et où les pêcheurs le prennent en nombre au tramail.

» La Carpe se reproduit aussi dans le lac : lorsqu'on abaisse le barrage, on peut recueillir des quantités considérables de frai dans les flaques d'eau herbeuses. Le Saumon s'attarde souvent dans le lac où on peut l'observer facilement. L'Alose, à la descente, c'est-à-dire en juillet, y séjourne également, mais pour peu que la température s'élève, elle y périt en masse. Ces poissons sont alors d'une maigreur extrême (2).

» Malheureusement les pêcheurs connaissent fort bien l'habitude qu'a le gros poisson de s'arrêter dans les fonds, particulièrement dans le creux du déversoir ; ils ne négligent jamais d'y jeter leur épervier plusieurs fois par jour, sans tenir compte de la défense réglementaire de pêcher à moins de 30 mètres du barrage. Ils capturent ainsi de fort beaux Saumons.

» Somme toute, le barrage de Vichy n'est nullement un obstacle aux migrations des poissons. Le lac, dont il détermine la formation, est par contre un excellent lieu de ponte ; on n'a pas à y redouter, grâce à l'étendue de la nappe d'eau, les

(1) Nous n'avons pas à parler ici des barrages établis sur les rivières de la zone supérieure où les espèces migratrices ne pénètrent pas (barrage de La Bourboule, barrage du Guéry). Il y aurait lieu d'étudier toutefois quelle est leur conséquence au point de vue de la reproduction de la Truite.

(2) Tous les observateurs ont constaté la présence des Aloses mortes, lors de la descente, bien au-dessus du barrage de Vichy.

effets meurtriers de la dynamite ou des empoisonnements. Le filet le plus dangereux est le tramail.

» Les récriminations que les pêcheurs du Puy-de-Dôme font entendre au sujet du barrage de Vichy, doivent viser la pêche excessive à laquelle on se livre dans la Basse-Loire. »

Les empoisonnements par les eaux résiduaires industrielles sont une des causes les plus fréquentes de la disparition du poisson. Depuis longtemps, une campagne active est menée par les pêcheurs pour obtenir à ce sujet une application rigoureuse de la loi; mais le débat que soulève cette question n'est pas sans toucher à d'importants intérêts matériels. Notre région est encore une de celles qui sont les moins éprouvées, mais ce n'est pas dire qu'elle soit complètement indemne. En restant dans les limites géographiques que nous nous sommes tracées, nous signalerons le réseau hydrographique de l'Artière et du Béda, dans la partie Limanienne, que de trop nombreuses sources de contamination rendent impropre à toute culture (égouts de Clermont et de Riom, raffineries de Bourdon, etc.). Les importantes papeteries de Saint-Amant sont installées dans le bassin de la Veyre. Mais c'est surtout la Sioule, rivière primitivement très riche, dont le dépeuplement est accentué à l'heure actuelle. Nous avons déjà insisté sur l'existence des exploitations minières installées sur son cours.

Il est certain qu'en aval de Pontgibaud jusqu'au Sioulet la population ichthyologique a considérablement diminué et comme espèces et comme individus, malgré des tentatives de repeuplement et la surveillance rigoureuse des gardes-forestiers. Des empoisonnements ont été constatés à divers intervalles et attribués au déversement dans la rivière des sables et des eaux résiduaires. C'est ainsi que vers 1867-1868, la Compagnie fut obligée, pour protéger la rivière contre l'envahissement des sables retirés de l'exploitation de Barbecot, de construire un mur de soutènement. Celui-ci dut être surélevé lors de l'empoisonnement du 25 janvier 1900. Enfin, au début de septembre 1901, un dernier empoisonnement se produisit coïncidant avec l'effondrement du puits du Tourniquet, à Barbecot, et dépeuplant complètement la Sioule jusqu'au pont du Bouchet. La cause exacte de cet empoisonnement n'a pas encore été déterminée scientifiquement, mais il était important d'appeler l'attention sur ces faits, malheureusement désastreux pour les pêcheurs riverains.

A toutes ces causes de destruction s'ajoute le braconnage. — Que dire du braconnage qui n'ait été partout et cent fois répété ? Dans le Puy-de-Dôme la situation est celle de tous les départements : il faut peut-être ajouter cependant que l'écoulement facile des produits de la pêche dans les nombreuses stations thermales, incite à une dévastation plus intense des cours d'eau. A vrai dire, si les pouvoirs publics effectuent d'une façon sérieuse le repeuplement pour *toutes les espèces utiles de notre faune* (1), le braconnage ordinaire devient moins dangereux puisque l'apport des alevins comble les vides ; mais celui qui consiste à empoisonner tout un cours d'eau pour retirer quelques livres de poisson, est absolument désastreux puisqu'il a pour résultat l'anéantissement complet de la population animale, adultes, jeunes et espèces servant à la nourriture du poisson. Or, ces empoisonnements ne sont que trop fréquents ; nous pouvons en citer trois pour le seul cours de la Morge durant 1901. Celui du Chavanon qui date de quelques années est demeuré célèbre. On se plaint du manque de surveillance : cette critique doit surtout viser le petit nombre des agents. Les pêcheurs savent que la surveillance est exercée rigoureusement, *là où elle est possible*, mais ils demandent l'application de la loi dans sa plus grande sévérité pour la répression des cas graves.

(1) L'introduction des espèces étrangères dans *nos* rivières nous paraît à la fois dangereuse et inutile : dangereuse, parce qu'on ignore comment ces espèces se comporteront dans un domaine nouveau et qu'il n'est pas possible de revenir sur une expérience malheureuse ; inutile, parce que notre faune indigène serait assez abondante pour subvenir à l'exploitation la plus intensive, faite d'une façon rationelle. Cf. à ce sujet « de Lamarche, passim. »

Enfin, nous avons déjà signalé comme cause de destruction l'assèchement des petits cours d'eau, soit dans l'intérêt de la culture, soit en vue de la pêche. Il y a lieu d'en tenir compte pour le repeuplement de certains de nos ruisseaux de montagne.

Les mesures prises en vue de remédier à l'appauvrissement de nos eaux se rapportent à la restriction ou à la prohibition de la pêche, à l'établissement de réserves dans la partie domaniale, enfin au repeuplement.

Les arrêtés administratifs assurent la protection des Salmonides à l'exception de l'Ombre d'Auvergne. La pêche du Saumon est interdite du 1er au 10 janvier et du 1er octobre au 31 décembre ; celle de la Truite pendant tout le mois de janvier et les trois derniers mois de l'année. Mais, d'autre part, la pêche de tous les poissons, quels qu'ils soient, durant cette même période de quatre mois, est prohibée dans l'étendue entière de la zone où la Truite fraye habituellement. Cette zone est délimitée de la façon suivante : Route nationale n° 9, entre la limite du département de l'Allier et sa rencontre à l'entrée de Clermont avec la route nationale n° 89 ; — route nationale n° 89, depuis le point précédent jusqu'à la rivière de Dore ; — rive droite de la Dore depuis le pont de Dore jusqu'à l'Allier ; — limite du département de l'Allier depuis la rive droite de l'Allier jusqu'à la route nationale n° 9.

La carte ci-jointe précisera la délimitation de la région inférieure où la pêche des poissons autres que le Saumon, le bécard et la Truite est ainsi autorisée du 1er octobre inclusivement au 31 janvier inclusivement (1).

---

(1) Nous rappelons que les dimensions au-dessous desquelles les poissons et écrevisses ne peuvent être pêchés, même à la ligne flottante, et doivent être immédiatement rejetés à l'eau, sont déterminés comme il suit :

1. Saumon et Anguille : 0m40 (modif. de l'art. 8 du décret d'août 1875) ;
2. Truite, Omble-chevalier, Ombre commune, Carpe, Brochet, Barbeau, Brême, Meunier, Muge, Alose, Perche, Gardon, Tanche, Lote, Lamproie et Lavaret : 0,11 ;

A vrai dire l'arrêté préfectoral ajoute à ces trois espèces l'Omble-chevalier et le Lavaret : or, l'Omble-chevalier ne se trouve pas en dehors de nos lacs (Pavin et Chauvet), et le Lavaret, espèce originaire du lac du Bourget, est totalement inconnu dans notre région.

L'interdiction de printemps, qui concerne également l'Ecrevisse (1), s'étend pour l'année 1902, du lundi 21 avril inclusivement, au samedi 21 juin inclusivement. Est seulement autorisée pendant cette période la pêche du Saumon, du Bécard, de la Truite, de l'*omble-chevalier*, du *lavaret*, de l'Alose, de l'Anguille, de la Lamproie, ainsi que les autres poissons vivant alternativement dans les eaux douces et dans les eaux salées.

L'Ombre (2) d'Auvergne, *Thymallus vexillifer*, n'est pas mentionné ici. Or, comme nos pêcheurs le confondent avec l'Omble-chevalier (3), cette espèce n'est pas protégée pendant la période de ponte qui se prolonge jusque dans le courant de mai. Une observation analogue doit être faite à propos du Nase auquel les pêcheurs appliquent indistinctement

3. Sole, plie et flet : 0,10 ;
4. Ecrevisses à pattes rouges : 0,08 ; à pattes blanches : 0,06.

La longueur des poissons ci-dessus mentionnés est mesurée de l'œil à la naissance de la queue ; celle de l'écrevisse de l'œil à l'extrémité de la queue déployée.

En Suisse, d'après l'article 19 de la loi fédérale du 21 déc. 1888, les poissons des espèces ci-après désignées ne peuvent être colportés, vendus, achetés, expédiés ou servis dans les auberges, restaurants, hôtels, etc., si, mesurés de la pointe de la tête jusqu'à l'extrémité de la queue, ils n'ont pas au moins les longueurs suivantes :

1. Saumon : 0,50		6. Omble-chevalier : 0,10
2. Anguille : 0,35		7. Corégone : 0,18
3. Truite de lacs : 0,30		8. Perche : 0,15
4. Ombre de rivière : 0,25		9. Ecrevisse : 0,07
5. Truite de rivière : 0,18		

(1) En Suisse la période d'interdiction pour l'Ecrevisse s'étend du 1er octobre au 30 juin.

(2) En Suisse la pêche de l'Ombre de rivière est interdite du 1er mars au 30 avril.

(3) Nous savons bien qu'il a été déposé dans l'Allier de très nombreux alevins d'*omble-chevalier* et cela dès 1861 (Rico), mais nous n'avons jamais vu pêcher d'adultes.

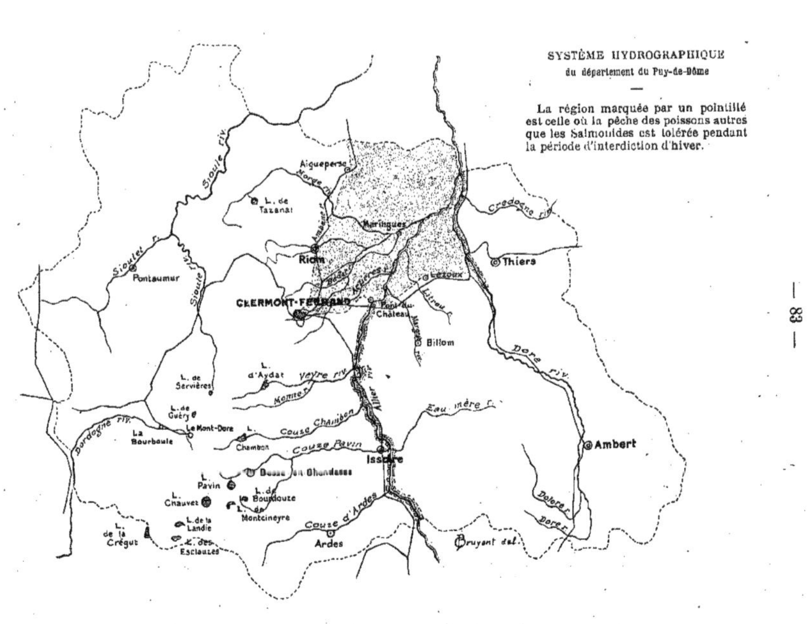

SYSTÈME HYDROGRAPHIQUE
du département du Puy-de-Dôme

La région marquée par un pointillé
est celle où la pêche des poissons autres
que les Salmonides est tolérée pendant
la période d'interdiction d'hiver.

Sioule riv.
Sioulet riv.
Aigueperse
L. de Tazanat
Morge riv.
Maringues
Credogne riv.
Pontaumur
Riom
Thiers
CLERMONT-FERRAND
Pont-du-Château
Bède
Dore riv.
Billom
L. de Servières
L. d'Aydat
Veyre riv.
Morte riv.
L. de Guéry
La Bourboule
Le Mont-Dore
Couze Chambon
Chambon
Couze Pavin
Allier riv.
Eau mère r.
Ambert
Issoire
L. Dosso ou Ghondasse
L. Pavin
L. de Bourdouze
Chauvet
L. de Montcineyre
L. de la Landie
L. de la Crégut
L. des Esclauzes
Couze d'Ardes
Ardes
Bruyant ruis.
Dore riv.

les noms de Lavaret, Fera, *ombre*-chevalier, et dont la fraye a lieu en avril et mai. Mais si la confusion est à regretter au point de vue de la première espèce qui devrait occuper une place importante sur nos marchés, peut-on en dire autant de la seconde ?

La pêche du Saumon est autorisée deux heures après le coucher du soleil et deux heures avant son lever dans les pêcheries fixes régulièrement autorisées (sauf, bien entendu, pendant la période d'interdiction). L'engin autorisé est le carrelet à mailles d'au moins 0,040. La pêche d'ailleurs ne peut être pratiquée à plus de 20 mètres de distance des pêcheries fixes, comptés en suivant la berge.

Pendant la période qui s'étend du 21 avril au 22 juin, la pêche de nuit de l'Alose est autorisée dans les mêmes conditions que la pêche de nuit du Saumon. Mais elle peut être permise sur d'autres points qu'au bord des pêcheries fixes autorisées. Ces points spéciaux doivent être nominativement désignés par des arrêtés spéciaux rendus d'après l'avis du Conservateur des Eaux et Forêts, sur les demandes présentées par les fermiers de pêche.

Enfin, en dehors des articles relatifs à la réglementation du rouissage du chanvre, à la pollution des cours d'eau par les matières ou résidus de fabriques ou établissements industriels, on ne saurait oublier de mentionner l'article 6 qui interdit en tout temps, dans tous les cours d'eau du département, sans exceptions, l'emploi du filet à mailles de 10 $^{m/m}$, dit goujonnier (1).

Ces restrictions tendent donc à protéger le poisson à l'époque de la fraye. Dans le même but l'Administration a créé des réserves, une dans la Dore et une dans l'Allier, où la pêche est interdite en tout temps.

---

(1) La maille du filet, dit balance, destiné exclusivement à la pêche des Ecrevisses, est fixée à 0,020 (tolérance non comprise) pour tout le département.

L'emploi du goujonnier est actuellement rétabli sur le cours de l'Allier et sur le cours navigable de la Dore, à l'exclusion des autres rivières. (Arrêté préfectoral de décembre 1902).

La réserve de la Dore s'étend sur 2 kilomètres ; sa limite supérieure se trouve à 100 mètres en amont des épis de Barante ; sa limite inférieure à 100 mètres en aval des épis de Dorat.

Quant à la réserve de l'Allier, son étendue est de 1000 mètres, de la borne kilométrique n° 136 à la borne n° 137.

Nous aurions voulu indiquer ici, au moins approximativement, le rendement de nos différentes rivières. Mais les chiffres officiels manquent pour établir une statistique et, d'autre part, les renseignements que nous sommes parvenus à réunir à ce sujet sont tellement entachés d'erreur volontaire ou non, tellement contradictoires, que nous ne pouvons les citer sans venir à l'encontre du but que nous nous proposons.

Pisciculture

L'Auvergne est une des premières régions où ait été appliquées les méthodes alors nouvelles de la pisciculture : l'honneur en revient à Lecoq et à Rico.

« Un savant estimé et aimé, M. Lecoq, professeur d'histoire naturelle à la Faculté de Clermont, n'hésita pas à prendre toutes les dispositions nécessaires pour introduire la pisciculture en Auvergne. Les heureux résultats qu'il obtint dès le début et qu'il sut avec son autorité si bien mettre en évidence, attirèrent bientôt l'attention de l'Administration, et le Conseil général du Puy-de-Dôme décida la création d'une Ecole de Pisciculture départementale, en désignant le Jardin des Plantes de Clermont comme le lieu où elle devait être établie. M. Lecoq s'était adjoint le préparateur de son cours, un naturaliste distingué, homme d'action et de persévérance, M. Rico, pour l'aider dans les diverses expériences qu'il avait entreprises sur la pisciculture. Il lui abandonna, dès qu'on lui eut donné cette première satisfaction, la direction du nouveau laboratoire, fondé en 1857 » (1).

(1) *Traité de Pisciculture pratique et d'Aquiculture*, par Bouchon-Brandely, secrétaire du Collège de France, 2ᵉ édit. Paris 1878.

Tous les Clermontois se rappellent cette Ecole départementale où, sur un petit espace de 40 mètres sur 25, Rico était arrivé à réaliser un établissement de pisciculture complet (1). L'Ecole dut être démolie lors de l'agrandissement des Facultés ; mais le laboratoire d'éclosion n'a jamais cessé de fonctionner.

Il est installé actuellement au rez-de-chaussée de la bibliothèque de la Ville.

« Jusqu'au mois d'avril 1874 l'établissement de Clermont avait produit 930.865 salmonides, distribués de la façon suivante : 438.042 truites, 25.572 ombres-chevaliers (2) et 112.224 saumons, ont été mis dans les cours d'eau du département ; 384.393 alevins de truite, 9.326 ombres-chevaliers, et 21.208 jeunes saumons communs ont été répartis entre les propriétaires au prix de l'achat des œufs. Cette dernière mesure a beaucoup contribué à l'extension de l'aquiculture dans nos contrées » (Rico, *loc. cit.*). Les opérations de 1875 se résument ainsi :

Œufs de salmonides embryonnés à l'Ecole de Pisciculture...................................... 43.500

Alevins obtenus............................... 42.830

Alevins distribués............................ 42.196

Œufs de salmonides fournis par l'établissement de Saint-Genès-l'Enfant...................... 42.000

Alevins obtenus............................... 38.896

Alevins distribués............................ 37.897

Œufs fournis par l'établissement de Pontgibaud. 49.000

Alevins obtenus............................... 46.674

Alevins distribués............................ 44.984

Le total des alevins obtenus est donc de 128.000. Ces alevins ont été répartis de la façon suivante :

28.800 ont été demandés par les communes.

---

(1) On en trouvera un croquis dans l'ouvrage de Bouchon-Brandely et un plan exact dans le travail de Rico.

(2) Rico écrit : Ombre-chevalier.

64.600 ont été répandus dans les cours d'eau du départe-ment.

24.977 ont été distribués aux propriétaires qui ont également reçu 3.774 poissons d'âges divers ; enfin 2.200 ont été réservés à l'Ecole de Pisciculture.

Depuis lors, le nombre des alevins de salmonides éclos au laboratoire départemental s'est élevé à environ 250.000 par an. En 1901, 60.000 ont été répartis par les soins des agents forestiers dans les différentes rivières, 6.000 ont été attribués à la Société de Pêche et Pisciculture qui les a disséminés elle-même dans les ruisseaux des environs de Clermont et de Riom. Les autres ont été donnés aux communes qui en ont fait la demande.

On voit ainsi quel rôle important a joué, au point de vue du repeuplement, le laboratoire départemental, qui n'a cessé depuis plus d'un demi-siècle de verser dans nos cours d'eau un nombre considérable d'alevins (1).

Le développement de la pisciculture en Auvergne s'est d'autre part affirmé par la fondation d'établissements privés d'importances diverses. On trouvera dans le mémoire de Rico la liste de ces établissements dont le nombre témoigne, à cette époque, d'un véritable engouement pour la pisciculture. Beaucoup sont aujourd'hui inutilisés, mais il reste en tout cas à citer les deux grands établissements de Saint-Genès-l'Enfant et de Theix. L'ouvrage classique de Bouchon-Brandely donne le plan et la description détaillée de l'établissement de Saint-Genès, fondé par M. de Féligonde. Le même auteur a décrit, dans le Journal officiel du 16 mai 1878, le luxueux établissement de Theix, appartenant à M. Chauvassaignes. Nous ne saurions renvoyer à de meilleures sources.

Tout récemment, l'Université a fondé à Besse une station limnologique pourvue d'un laboratoire de pisciculture, des-

(1) M. Thomas, dont le père a eu très longtemps en main la pisciculture départementale et la pisciculture de Peschadoires, est aujourd'hui préposé au laboratoire départemental, dont le service relève de la 3e division (Préfecture).

.tiné à alimenter le service départemental de repeuplement. Il s'agit là non point d'un établissement de pisciculture proprement dit, mais d'une station d'étude et d'application des méthodes rigoureusement scientifiques, placée sous la haute direction de M. le professeur Poirier, doyen de la Faculté des Sciences.

Enfin, suivant le mouvement qui s'est manifesté en France dans ces dernières années, les pêcheurs de Clermont et de Riom se sont groupés en une « Société de Pêche et de Pisciculture du Puy-de-Dôme ». Cette Société, fondée en 1900, compte actuellement 300 adhérents. Cherchant à réaliser un programme à la fois scientifique et pratique, elle n'a pas tardé à affirmer son existence, et elle a rapidement conquis sa place au soleil (1).

(1) *Annuaire des Associations de Pécheurs à la ligne de France.* Toulouse 1901, p. 161.

DEUXIEME PARTIE

LES LACS

CHAPITRE Ier

Limnologie

L'étude des lacs a été assidûment poursuivie durant ces dernières années ; les matériaux acquis forment une somme considérable, relative à la plupart des contrées du globe : ainsi s'est constituée la limnologie, science nouvelle, synthèse des études géographiques, physiques, chimiques et naturelles appliquées aux lacs.

La limnologie a pris naissance à l'étranger. Le nom de Forel, professeur à l'Université de Lausanne, est désormais inséparable de cette science ; la *Monographie du Léman*, dont les deux premiers volumes sont publiés, est l'œuvre la plus importante qui ait été jusqu'ici produite à ce sujet. C'est encore l'étranger qui nous fournit les plus nombreux documents, émanant soit des laboratoires généraux des Universités, soit des stations limnologiques créées un peu partout, en Europe et en Amérique. La France n'est cependant pas restée en arrière ; l'ouvrage de Delebecque forme une contribution fondamentale à l'étude de nos divers lacs. Les travaux de notre savant collègue, M. Belloc, nous ont fait connaître les lacs des Pyrénées et les grandes nappes d'eau du sud-ouest. Enfin, les noms de Blanchard, Chevreux, de Guerne, Magnin, Richard, Thoulet, etc., comptent aussi parmi ceux auxquels la limnologie française est le plus redevable.

L'Auvergne est encore un pays privilégié au point de vue limnologique. Dans l'étude générale que nous avons faite de l'hydrographie de notre région, nous avons signalé toute une série de lacs dont les eaux sont tributaires du bassin de l'Allier ou du bassin de la Garonne. Ces lacs sont très rapprochés les uns des autres : étagés sur les pentes du massif montdorien, ils délimitent une région lacustre dont la petite ville de Besse est le centre ; leurs caractères généraux sont, d'autre part, très divers : toutes conditions précieuses pour des études de limnologie comparée. Il faut espérer que la station limnologique de Besse, fondée par l'Université de Clermont et puissamment aidée par le département du Puy-de-Dôme, pourra mettre en œuvre ces riches matériaux.

Les lacs d'Auvergne ont d'ailleurs été l'objet d'un certain nombre de travaux qui permettent de les décrire dans leurs grands traits. Mais avant d'aborder cette étude particulière, il est nécessaire de résumer les données essentielles, aujourd'hui acquises (1).

Topographie des lacs. — 1° *Profondeur.* — Il y a lieu de distinguer de la profondeur maximum la profondeur relative. Cette dernière est exprimée par le rapport de la profondeur maximum à la racine carrée de la superficie. Une telle distinction permet d'établir une différence entre les lacs *profonds* et les lacs *creux.* Ainsi le lac Pavin est un des lacs les plus creux de France (2) : le rapport de la profondeur maximum (92^{m}10) à la racine carrée de la surface (44 hectares) est $\frac{1}{7.20}$.

---

(1) Dans l'*Année biologique* de 1897 (Paris 1899), on trouvera, sous la signature de M. le professeur Pruvôt, une étude qui résume de la façon la plus exacte et la plus précise les données actuelles de la limnologie.

(2) Il n'est dépassé que par le lac Bleu $\left(\frac{1}{5.7}\right)$ et par le lac de Caillauas $\left(\frac{1}{6.2}\right)$ (Delebecque).

Au contraire, pour le lac de Genève, dont la profondeur est de 309^m, le rapport précédent n'est que $\frac{1}{77.8}$; en effet, le Léman mesure 58.236 hectares : s'il est plus *profond* que le Pavin, il est beaucoup moins *creux*. Au même point de vue, certains auteurs considèrent la profondeur moyenne : celle-ci est le quotient du nombre exprimant le volume par le nombre exprimant la surface ; ainsi pour le Pavin, dont le volume est de 22.987.000 mètres cubes, la profondeur moyenne est de 52^m42. Pour le Chauvet, la profondeur maximum est 63^m20, la profondeur relative $\frac{1}{11.51}$, la profondeur moyenne 32^m69.

2º *Profil du lac.* — Le profil d'un lac présente des caractères généraux qui ont été indiqués, depuis Forel, par tous les auteurs et qu'il importe cependant de rappeler ici. Le sol du lac peut être divisé en régions distinctes qui sont les suivantes :

grève { exondée, inondée ;

beine ou blanc-fond { d'érosion, d'alluvion ou d'atterrissement ;

mont ;

talus ;

plaine ou plafond.

Le talus est la seule partie où le profil primitif de la cuvette lacustre né soit pas altéré : encore est-il recouvert par une mince couche d'alluvions impalpables : « qui en voilent le modelé sans l'effacer » (Pruvôt). Ces alluvions impalpables, longtemps tenues en suspension, sont d'origine lacustre (matériaux arrachés aux rives) ou bien amenées par les affluents. Elles forment avec les sédiments animaux et végétaux une couche parfois très épaisse qui nivelle le plafond. La grève et la première partie de la beine sont dues à l'érosion de la rive par les vagues. La grève, la beine et le mont sont ainsi recouverts par une *alluvion grossière* variable d'épaisseur et de nature, suivant les conditions locales. Ces matériaux constituent à eux seuls la beine d'atterrissement et le mont, qui n'est que le talus d'éboulement de la précédente.

Température des eaux. — Forel a classé les lacs en lacs de type tropical, lacs de type polaire, lacs de type tempéré. On peut les caractériser brièvement de la façon suivante. Dans les premiers, la température ne tombe jamais au-dessous de 4 degrés ; il ne se produit donc jamais de glace à la surface ; dans les lacs du type polaire, la température ne monte jamais au-dessus de 4 degrés ; enfin, dans les lacs tempérés, elle oscille en dessus et en dessous de 4 degrés.

C'est qu'en effet le maximum de densité de l'eau étant au voisinage de 4 degrés, la courbe des températures est très distincte pour chacun de ces types.

Dans les lacs de type tropical, les couches d'eau sont de température de plus en plus basse, de la surface à la profondeur. Plus la température extérieure est élevée, plus la stratification des couches est accentuée (*stratification directe*), ce qui a lieu pendant l'été. De la fin de l'été à la fin de l'hiver s'établit un *processus d'uniformisation* qui tend à répartir une température uniforme de 4 degrés dans toute la masse du lac.

Dans les lacs du type polaire, la stratification est *inverse*. Au maximum de différenciation, la température augmente de la surface, où les eaux sont congelées, aux couches profondes dont la température est au voisinage de 4 degrés. Le processus d'uniformisation s'établit de la fin de l'hiver à la fin de l'été.

Enfin, dans les lacs tempérés, la stratification est *directe* en été, *inverse* en hiver ; les eaux superficielles peuvent donc se congeler après que la masse du lac a passé par la température uniforme de 4 degrés. La courbe annuelle des températures est ainsi très compliquée. Le processus d'uniformisation s'y établit par deux fois : de la fin de l'hiver au commencement du printemps, puis de la fin de l'été au commencement de l'automne, et il y a deux périodes annuelles où la température est uniformément de 4 degrés. Ces deux périodes sont suivies, celle du printemps, d'un processus de stratification directe (régime d'été), celle d'automne, d'un processus de stratification inverse (régime d'hiver). Tous nos lacs, sauf une exception, appartiennent au type tempéré.

Ces variations annuelles de température sont importantes à considérer, car elles influent sur la répartition du plancton ; toute interprétation de cette dernière devra en tenir compte.

Remarquons que le processus d'uniformisation s'établit beaucoup plus rapidement que le processus de stratification ; il est dû surtout à la *convection thermique*, grâce à laquelle les eaux plus denses (eaux superficielles refroidies) descendent en masse jusqu'à ce qu'elles rencontrent une couche de même densité. Le processus de stratification est, au contraire, dû au phénomène de conduction, c'est-à-dire de propagation de la chaleur d'une couche à l'autre, sans déplacement de la masse des eaux.

En dehors des variations annuelles existent des variations journalières dues à l'échauffement des couches superficielles pendant le jour (processus de stratification), à leur refroidissement pendant la nuit (processus d'uniformisation). La zone intéressée par les variations journalières est naturellement plus ou moins épaisse suivant l'amplitude des variations de la température extérieure. « Au-dessous de cette couche, à laquelle doit être exclusivement réservée l'expression d'eaux superficielles, les eaux, soustraites à cette cause de perturbation et de mélange, ont une température franchement plus basse et décroissant régulièrement vers la profondeur. Il en résulte une ligne de séparation bien tranchée, la *couche du saut thermique* (sprungschicht), de part et d'autre de laquelle la température change brusquement..... La position de cette couche est ordinairement comprise entre 10 et 15 mètres. Cette ligne est le plus accentuée au moment où le réchauffement diurne est le plus intense, c'est-à-dire vers la fin d'août ; puis elle s'atténue en automne pour disparaître à peu près complètement en hiver, quand l'écart entre le jour et la nuit est minimum. » (Pruvôt, *loc. cit.*, p. 575).

Enfin, cette distribution de la température, exacte pour la masse d'un lac au repos, peut être altérée par l'existence des courants dus aux affluents, ou même simplement au vent. En outre, au voisinage de la rive, le régime est souvent différent : une *barre thermique littorale* peut séparer une région littorale où la stratification est inverse (congélation) de la partie pélagique ou limniale où la stratification est encore directe.

TRANSPARENCE. — La transparence s'apprécie à l'aide du disque de Secchi, simple disque blanc que l'on immerge graduellement : le coefficient de transparence est exprimé par le double de la distance à laquelle le disque cesse d'être visible.

La transparence, beaucoup moindre pour les lacs que pour la mer, au large, est en relation avec la quantité de matières en suspension dans l'eau ; la densité du plancton doit entrer par conséquent en ligne de compte, en même temps que la quantité d'alluvions. La transparence est ainsi variable suivant les saisons. Elle se montre d'autre part en corrélation avec la couleur des eaux.

La limite de pénétration des rayons lumineux, importante surtout à connaître au point de vue de la distribution de la faune, a été déterminée pour le lac Léman par Fol et Sarasin. La profondeur maximum à laquelle une plaque à l'iodo-bromure d'argent est impressionnée, varie de 192 à 250 mètres : elle est donc en moyenne de 200 mètres. La région abyssale aphotique n'existerait donc pas dans nos lacs, même si l'on admet que les effets de la lumière sur la végétation s'arrêtent comme dans la mer à une distance moitié moindre (1).

____

(1) La limite d'impressionnabilité pour le papier au chlorure d'argent est, dans le Léman, de 100 mètres en hiver, de 45 en été (Forel). C'est en été, en effet, que la transparence est à son minimum, à cause de l'abondance des alluvions du Rhône dues à la fonte des neiges. Il est intéressant de noter que cette profondeur de 100 mètres marque aussi l'extrême limite

Couleur des eaux. — On apprécie la couleur des eaux au moyen des xanthomètres de Forel et de Ule. La *gamme* de Forel est constituée par une série de tubes fermés à la lampe et renfermant les proportions suivantes de solution de chromate de potasse à 0,5 pour cent et de solution du sulfate de cuivre ammoniacal (sulfate de cuivre 0,5, ammoniaque 2,5, eau 97).

		Chromate de potasse :		Sulf. de cuivre ammoniacal :	
	I		0		100
Lacs	II	—	2	—	98
bleus	III	—	5	—	95
	IV	—	9	—	91
	V	—	14	—	86
Lacs	VI	—	20	—	80
verts	VII	—	27	—	73
	VIII	—	35	—	65
	IX	—	44	—	56
Lacs	X	—	54	—	46
jaunes	XI	—	65	—	35

Cette gamme a été complétée par Ule pour les lacs du nord de l'Allemagne, qu'on pourrait qualifier de lacs bruns. Elle s'obtient en mélangeant la solution n° XI et une solution de sulfate de cobalt à 0,5 pour cent dans les mêmes proportions qu'indique le tableau.

Cette coloration est en relation avec la présence de certains éléments du plancton, mais aussi avec les alluvions en suspension (1) et les matières organiques dissoutes (acides humique, ulmique). Elle n'est pas sans influence sur le plancton, puisqu'elle modifie la pénétration de la lumière dans l'eau (2).

de pénétration de la chaleur estivale ; en novembre, la température y augmente de 0°,2 ; à 150 mètres il n'y a plus aucune variation. (Forel, *Arch. Sc., Phys. nat.*, 1901).

(1) Ces matières en suspension peuvent même neutraliser la coloration bleue ou verte ordinaire et, par conséquent, rendre l'eau incolore. (*Arch. Sc., Phys. nat.*, 1901).

. (2) Toutes conditions égales, les eaux vertes sont moins perméables à la lumière que les eaux bleues, et les jaunes encore moins. (Cf. Pruvôt, *loc. cit.*).

Matières dissoutes. — La composition de l'eau varie naturellement d'un lac à l'autre. La nature des roches encaissantes, la composition de l'eau des affluents (1), etc., sont autant de facteurs qui influent sur cette composition. Mais elle varie également de la surface à la profondeur, la quantité de matières dissoutes étant plus considérable dans les couches inférieures. Cette stratification chimique est surtout accusée en été ; elle s'atténue quand s'établit le processus d'uniformisation des températures, grâce à la descente des eaux superficielles ; elle concerne surtout la silice et le carbonate de chaux.

L'appauvrissement des couches supérieures est due à plusieurs causes dont les principales sont :

1° La différence de température entre les eaux chaudes de la surface et les eaux froides de la profondeur, différence en vertu de laquelle les secondes ont une tendance à se concentrer aux dépens des premières ;

2° L'absorption de silice et de carbonate de chaux par la vie organique ;

3° La précipitation du carbonate de chaux qui s'effectue en vertu de la loi de Schlœsing. Cette dernière cause paraît être la plus efficace ;

4° La pluie et la fusion de la glace peuvent d'ailleurs diluer les eaux de surface, et les affluents peuvent produire des perturbations locales. (Delebecque, *Les Lacs français*).

Gaz dissous. — Les eaux de surface sont sursaturées d'oxygène et d'azote. « Cette sursaturation tient probablement à ce que le dégagement des gaz des couches superficielles ne se faisant qu'assez lentement, à mesure que la température augmente, la provision de gaz de ces couches est constamment régénérée par leur mélange avec les eaux profondes »

(1) Par rapport aux affluents, la quantité de matières calcaires dissoutes dans l'eau du lac peut être atténuée par le développement de la vie organique (Duparc), ou, au contraire, augmentée, par suite d'une concentration due sans doute à l'évaporation (Magnin).

(Delebecque) (1). Quant à l'acide carbonique, qui est déjà en excès dans les eaux de surface, la quantité en est encore plus considérable dans les couches profondes, par suite des oxydations dues aux fermentations et à la respiration des êtres vivants.

Mouvements de l'eau. — Sans parler des vagues qui déterminent un brassage plus ou moins intense des couches superficielles, le vent peut faire naître des courants horizontaux. Le courant direct est alors superficiel, mais il est accompagné d'un contre-courant de sens inverse situé dans la profondeur. Forel a observé des contre-courants jusqu'à 20 et 30 mètres en été, presqu'à 40 et 60 mètres quand la température est plus uniforme.

D'autres courants horizontaux sont dus aux affluents ou aux émissaires (lacs Chambon, d'Aydat), mais ils sont circonscrits au voisinage de ces cours d'eau. Enfin, il existe des courants verticaux, dus principalement à la convection thermique dont nous avons déjà parlé. Forel donne le nom de *convection hydrostatique* à la descente des eaux « alourdies par les matières en suspension ».

Tel est donc le domaine que le lac offre au développement de la vie. En tenant compte des données précédentes, en s'appuyant d'autre part sur la distribution de la faune et de la flore, on peut établir une série de divisions bionomiques que schématise le tableau ci-joint.

La distinction en régions *littorale, limniale* et *abyssale* est très naturelle. La région abyssale comprend toute la partie du lac qui se trouve au-dessous de la limite de pénétration de la lumière. La région limniale embrasse toute la partie de la masse d'eau à la fois éloignée du fond et de la rive. D'autre part, la présence de la couche du saut permet de diviser les

---

(1) La quantité des gaz dissous semble ici indépendante de la pression ; elle est à peu de chose près la même dans les couches profondes. L'eau de celles-ci serait saturée à la pression atmosphérique, mais elle est loin de l'être à la pression qui y règne. (Forel).

7

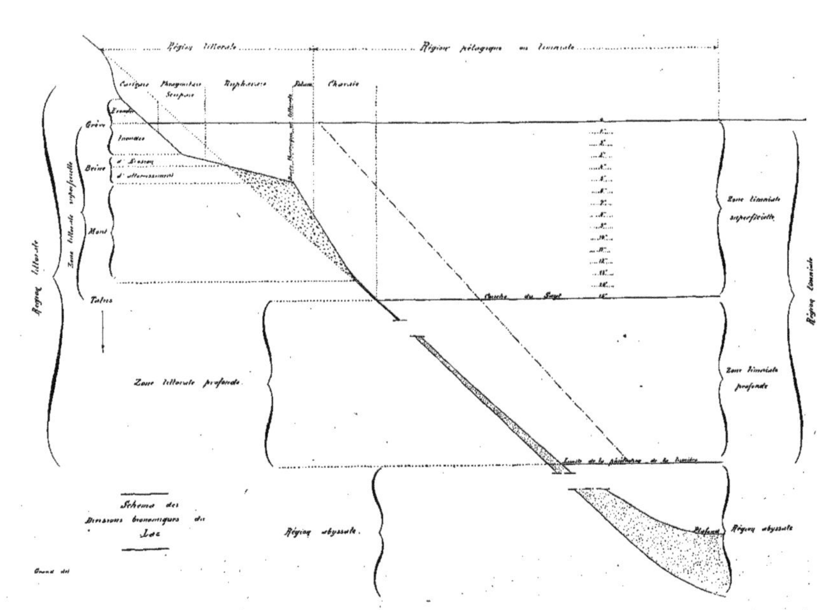

Région littorale
Région pélagique ou limnaire
Carigaie Phragmitaie Scirpaie Euphorbaie Potam Charaie
Grève
Exondée
Inondée
Berge
d'érosion
d'atterrissement
Mont
Talus
Zone littorale superficielle
Zone littorale profonde
Région abyssale
Zone limnaire superficielle
Zone limnaire profonde
Région limnaire
Couche du Seyon
Limite de la pénétration de la lumière
Plafond
Région abyssale
Schéma des Divisions bionomiques du Lac
Grand del.

régions limniale et littorale, chacune en deux zones : la zone *superficielle* et la zone *profonde*.

RÉGION LITTORALE. — La zone littorale profonde est caractérisée par une flore à peu près réduite à des algues inférieures (Pleurococcacées, Oscillariacés, Diatomées, Palmellacées). Le *Thamnium alopecurum*, recueilli dans le Léman par 60 mètres de profondeur, constitue presque une exception. Au Pavin existe une *espèce de Fontinalis que nous avons trouvée actuellement jusqu'à 25 mètres de profondeur.* La rareté de ces formes fixées s'explique par la nature des sédiments fins qui couvrent toute la rive. (Pruvôt, *loc. cit.*).

La zone littorale superficielle est intéressante à étudier en raison de la richesse de sa faune et de sa flore. On peut dire qu'elle comprend toute la partie de la rive occupée par la végétation macrophytique (Phanérogames, Muscinées et Characées). La distribution de cette végétation y est déterminée par l'organisation même de la plante (mode et durée de la végétation, mode de reproduction), par les variations du milieu dues à la profondeur, enfin, par la concurrence vitale. Comme les dimensions de la grève et de la beine dépendent de la puissance de la vague, c'est-à-dire de l'étendue de la nappe d'eau, de la nature des roches encaissantes, enfin de l'inclinaison de la rive, on ne peut établir de rapport constant entre les zones végétales et les parties de la rive que nous venons de nommer. En tout cas, le tapis végétal (1) sera d'autant plus large que la rive sera moins inclinée et la beine plus étendue (2).

(1) Sans que la *flore* soit nécessairement variée.

(2) Les plantes lacustres sont, pour la plupart, très envahissantes. Sur les 40 Phanérogames dont se compose la flore des lacs du Jura, 31 sont pourvus de rhizomes et peuvent s'étendre sur de grandes surfaces, mais à des profondeurs variables, suivant la nature des tiges, pétioles et pédoncules que ces rhizomes produisent, et suivant leur adaptation aux modifications que la profondeur détermine dans le milieu lacustre. Les rhizomes donnent en effet naissance, 1° chez Phragmites, Scirpus, etc., à des tiges annuelles, rigides, organisées pour la vie aérienne non aquatique, mais dont l'élongation, et par suite la profondeur du rhizome, est limitée par la durée de la période de végétation; 2° chez Potamogeton, Nuphar,

A la suite de ses nombreuses recherches sur la végétation des lacs du Jura, Magnin a ainsi délimité les zones littorales de la végétation.

1° *Cariçaie*, comprenant la série habituelle des plantes de tourbière ou de marécages.

2° *Phragmitaie-Scirpaie*, ceinture de plantes dressées hors de l'eau s'étendant jusqu'à la profondeur de 2 ou 3 mètres.

3° *Nupharaie*, plantes à feuilles nageantes, croissant par 3 à 5 mètres de profondeur.

4° *Potamogétonaie*, végétaux submergés ou flottants, descendant les pentes du mont jusqu'à 6 ou 8 mètres.

5° Plantes de fond tapissant le lac jusqu'à une profondeur de 8 à 12 mètres. Nous avons donné le nom *charaie* à cette zone qui s'étend au Pavin et au Chauvet à une profondeur plus considérable.

A cette flore littorale se rattache une formation pélagique assez spéciale, représentée par les Utricularia et les Ceratophyllum « plantes hibernant au fond de l'eau, mais venant végéter à la surface, et, accidentellement, par des fragments détachés de Myriophylles et de Potamots, formant des masses vivantes, libres, flottant à la surface, comparables aux sargasses de l'océan. »

Ces zones végétales, dont le nom est tiré des plantes caractéristiques qui les habitent, subissent, bien entendu, des mo-

---

à des tiges, des pédoncules, des pétioles, grêles, flexibles, susceptibles de s'allonger beaucoup pour porter les appareils assimilateurs et reproducteurs à la surface ou près de la surface, et dont les rhizomes peuvent par conséquent se développer à une profondeur plus considérable. Parmi les modifications dues au milieu aquatique, la pression, d'ailleurs faible dans toute l'étendue de la zone considérée, ne paraît pas exercer d'influence sensible. Il n'en est pas de même pour l'absorption des radiations lumineuses et calorifiques. La diminution progressive de l'assimilation avec la profondeur se manifeste déjà à la profondeur de 2 mètres, et l'on constate un ralentissement considérable de cette fonction sous 8 à 10 mètres d'eau, du moins chez les végétaux verts. Enfin, l'action de la température se montre, comme toujours, considérable, et il est à noter que nous n'avons pas de données sur la variation de la température dans le sol même du lac, ni dans la lame d'eau voisine. (Magnin, *Compt. rend. Ac. S.*, 24 avril 1893).

dification plus ou moins notables dans leurs délimitations, suivant la forme de la rive. Dans les lacs tourbeux, où la rive primitive est recouverte par une rive secondaire en surplomb, la distinction de ces différentes zones n'est plus possible (1).

La population vivante de la zone littorale comprend, en dehors des groupes précédents (Phanérogames, Muscinées, Cryptogames vasculaires, Characées), un nombre très considérable d'espèces appartenant soit au règne végétal (Algues), soit au règne animal (2). Des rapports évidents lient cette faune à celle des étangs.

RÉGION LIMNIALE OU PÉLAGIQUE. — La région limniale est par suite la région caractéristique des lacs. En dehors des vertébrés (poissons), les représentants de la faune et de la flore constituent le plancton limnétique ou limnoplancton.

La quantité de plancton diffère d'une façon sensible d'un lac à l'autre. On a pu distinguer les lacs riches en plancton, comme ceux de l'Allemagne du Nord, et les lacs pauvres, comme la plupart des grands lacs de Suisse. Mais la composition en espèces du plancton n'est pas moins variée et se montre dissemblable même dans des lacs voisins. Ces variations sont déterminées par les conditions du milieu, le cycle biologique des espèces et la concurrence vitale. Il résulte de là que les manières d'être du plancton, considéré dans son ensemble, sont très diverses ; les résultats que fournit l'étude

(1) Nous appliquerons le nom de *lac-étang* à toutes les nappes d'eau dont la profondeur est inférieure à la limite de végétation et où, par conséquent, ne peuvent se développer les faunes profondes. Quant à la distinction entre les lacs et les étangs, nous la trouvons dans ce fait que l'étang, lac artificiel, peut être asséché, ce qui n'est pas sans doute sans influencer le plancton. On doit d'autre part établir une différence entre les marais et les tourbières proprement dites, si caractéristiques dans notre région montagneuse.

(2) Protozoaires (Amoebiens, Héliozoaires, Flagellés, Ciliés); Spongiaires (Spongillides); Cœlentérés (Hydra); Vers (Gastérotriches, Bryozoaires, Rotifères, Turbellariés, Nemathelminthes, Oligochètes, Hirudinées); Mollusques (Gastéropodes, Lamellibranches) ; Arthropodes (Phyllopodes, Ostracodes, Cladocères, Copépodes, Amphipodes, Isopodes, Arachnides, Insectes) ; Vertébrés.

d'un lac ne correspondent pas avec ceux qu'on obtient ailleurs ; les divergences des auteurs sont très nettes à cet égard.

Il est ainsi nécessaire d'établir, pour chaque lac, la composition rigoureuse du plancton ; mais cette composition est aussi variable, car le plancton renferme des espèces permanentes et des espèces périodiques, et il en est de même du volume. Il faut donc, en dernière analyse, étudier séparément les variations concernant chaque espèce et en établir la synthèse qui serait la variation du plancton.

Ces réserves faites, nous pouvons approximativement chercher à nous rendre compte de la distribution et de la variation du plancton pris dans son ensemble, pour un lac donné.

Ward (1) a défini nettement les données de la question ; le nombre des hypothèses que l'on peut avancer est d'ailleurs assez restreint.

I. Le plancton est uniformément réparti dans l'étendue entière du lac. Cette supposition est inadmissible, étant données les différences dans les conditions biologiques des couches superficielles et des couches profondes.

II. Le plancton est inégalement réparti et la masse de l'eau peut être divisée artificiellement en couches, dans lesquelles le volume du plancton par mètre cube est différent pour les diverses couches d'égale épaisseur, mais :

1° égal pour les différentes parties d'une même couche : la *distribution* horizontale du plancton est alors *uniforme* ;

2° inégal pour les différentes parties d'une même couche. Deux cas sont possibles.

A. Les inégalités se compensent d'une couche à l'autre. Cette condition se présenterait s'il existait des migrations verticales spéciales aux différentes colonnes d'eau comprenant toute l'épaisseur du lac. Les coups de filet verticaux menés depuis le fond donneraient des volumes

(1) Ward, A. *Biological examination of lake Michigan*, Lausig, 1896, p. 48.

égaux ; ces volumes au contraire différeraient pour des coups de filet égaux, mais n'atteignant pas le fond.

B. Les colonnes d'eau contiennent des volumes réellement inégaux de plancton. Ce cas correspond à l'existence de migrations horizontales ou obliques déterminant des agglomérations locales ayant reçu le nom d'*essaims.*

Dans les lacs du nord de l'Allemagne, riches en plancton, les observations d'Apstein, Zacharias, etc., démontrent une répartition horizontale uniforme. Les observations faites en Suisse conduisent à un résultat différent (Yung, Fuhrmann, etc.), et l'on a pu constater certaines agglomérations locales d'espèces (*Leptodora hyalina, Sida limnetica*). Les recherches que nous avons effectuées au Pavin et au Chauvet nous font admettre également une répartition horizontale inégale pour nos lacs profonds (1).

L'inégalité de la distribution verticale du plancton est évidente à priori, mais les conditions extérieures agissent non seulement de façon différente sur des espèces différentes, mais encore sur une même espèce aux diverses phases du cycle biologique. Ainsi, en ce qui concerne les Entomostracés, les jeunes tendraient à se localiser dans les couches superficielles à l'inverse des adultes (*Daphnia* et *Cyclops*). Les *Chydorus* et les *Diaptomus* se tiendraient dans les couches supérieures, tandis que les *Cyclops* préféreraient les eaux profondes (2). (Birge).

---

(1) C. Bruyant, *Sur les variations du Plancton au lac Chauvet,* « C. R. Acad. Sc., » 2 janvier 1900. — Idem. *Premières recherches sur le Plancton des lacs d'Auvergne,* « Revue d'Auvergne », 1900.

(2) Birge constate que pendant l'été, dans les lacs riches en plancton, la limite inférieure des Crustacés coïncide avec la couche du saut, tandis que dans les lacs pauvres en plancton les Crustacés se rencontrent jusqu'au voisinage du fond. L'accumulation des produits de décomposition des organismes limnétiques, en déterminant un changement de composition chimique dans les eaux profondes, les rendrait ainsi inhabitables dans les lacs du premier type. C'est en hiver que la distribution est la plus uniforme. (Birge, *Plankton studies on Lake Mendota. — The Crustacea of the plankton,* 1894-1896. — *The vertical distribution of the limnetic Crustacea of Lake Mendota,* 1898.

D'autre part, cette distribution verticale paraît soumise à des variations diurnes régulières réglées surtout par l'intensité des radiations lumineuses. A vrai dire, les migrations verticales n'ont pas été constatées dans les lacs peu profonds comme ceux du Holstein, mais elles ont été établies par de nombreuses observations faites dans les lacs suisses. Dans ceux d'Auvergne, nous les avons mises en évidence en nous servant d'un appareil spécial permettant des pêches horizontales et en poursuivant méthodiquement les observations de minuit à midi. Les courbes ainsi obtenues sont caractéristiques. (Bruyant, *loc. cit.*).

Enfin il existe des variations annuelles constatées dans tous les lacs et dont la détermination exige une très longue série d'observations. Elles sont en grande partie en rapport avec le régime thermique du lac, retentissant sur les organismes à des degrés divers et toujours avec la concurrence vitale : les espèces qui dominent lors des maxima ne sont pas toujours les mêmes d'une année à l'autre. C'est que le plancton est un ensemble complexe mais un tout bien distinct, dont les éléments constitutifs étroitement en contact doivent se suffire les uns aux autres : telle espèce sera liée au cycle évolutif d'une ou de plusieurs autres dont elle fait sa nourriture. La présence de formes périodiques ajoute à la complication. La détermination des maxima et des minima d'après la mensuration du volume est d'autre part insuffisante, car il y a lieu de tenir compte de la taille des espèces considérées. Il faut donc en venir à l'énumération au moins approximative des individus contenus dans chaque pêche. On a dès lors avec la courbe volumétrique du plancton la courbe de fréquence de chacune des espèces qui le constituent.

Dans le lac de Genève, Yung a constaté pour la quantité totale du plancton l'existence de deux maxima au mois de mai ou de juin, puis au mois de novembre ou de décembre, et de deux minima en mars et en septembre. Nous citerons à titre d'exemple la courbe établie par Fuhrmann pour le lac de Neuchâtel, comparée avec celle que Zacharias a obtenue

VOLUME DU PLANCTON DES LACS

Courbe annuelle pour 40ᵐ 00 de profondeur

——— Lac de Plön, 1895-96

- - - - Lac de Neufchatel, 1897-98

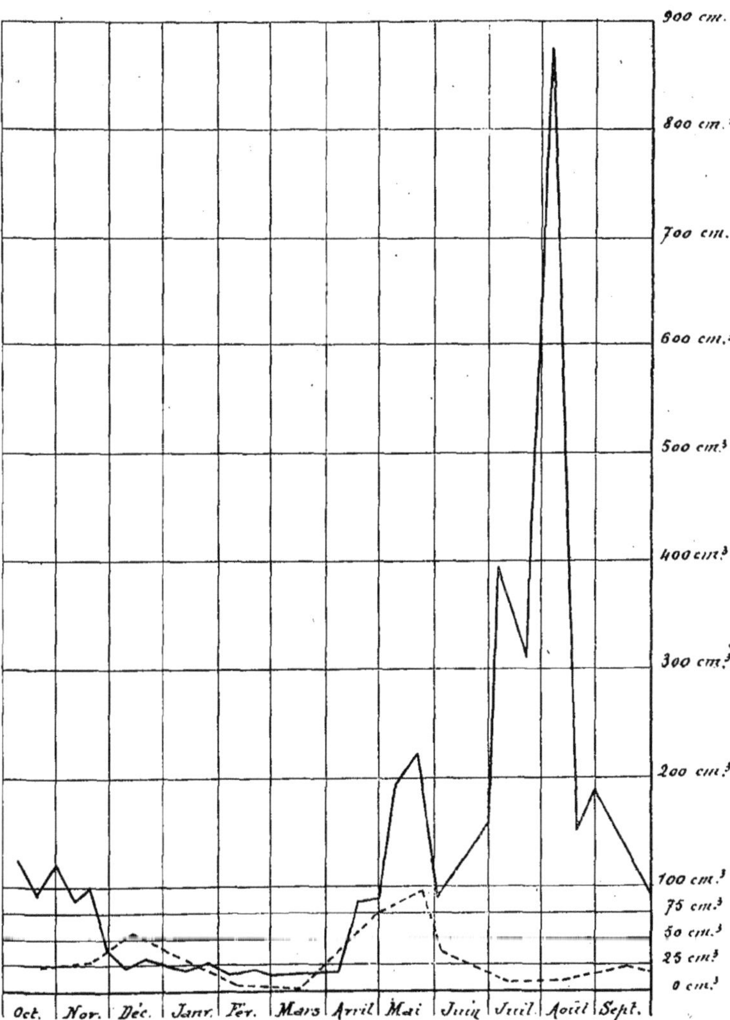

D'après Zacharias et Fuhrmann.

pour un lac riche en plancton (lac de Plœn). Quant aux lacs d'Auvergne, nos observations sont encore poursuivies depuis trop peu de temps pour que nous puissions songer à déterminer avec quelque certitude l'allure de la variation annuelle.

ORIGINE DE LA POPULATION LACUSTRE. — Forel (1) a depuis longtemps précisé les différents termes du problème.

Dans notre région aussi bien que dans les contrées subalpines de la Suisse « l'époque glaciaire a imprimé un caractère tout spécial à la population animale et végétale. La vie ayant été entièrement supprimée sous la calotte glaciaire, les animaux et les plantes qui depuis la fonte du glacier ont repeuplé la terre et les eaux, ont nécessairement dû y émigrer des contrées voisines respectées par l'envahissement des glaces et s'y adapter sur place. Etant donné d'autre part l'origine géologique de nos lacs, nos faunes lacustres sont donc de date relativement récente, et la période maximale qui a suffi à leur différenciation est parfaitement précise. »

La faune littorale provient d'animaux qui sont arrivés par migrations actives ou passives des eaux et pays environnants, qui ont peu à peu remonté les cours d'eau ou bien été transportés par les oiseaux et poissons migrateurs. Trouvant dans le même lac ou dans des lacs différents des conditions fort diverses, suivant la nature de la rive, ces animaux se sont adaptés de diverses manières à ces divers milieux, et il en est résulté le polymorphisme très remarquable qui constitue cette faune.

La faune pélagique est remarquablement uniforme dans toute l'Europe ; en d'autres termes, les espèces qui la composent ont une aire de répartition extrêmement vaste qu'explique fort bien le mode de migration passive. Si les adultes (Entomostracés), comme nous l'avons montré dans un

____

(1) FOREL, *La Faune lacustre de la région sub-alpine.* « A. F. A. S., 1879. »

autre travail (1), ne peuvent survivre à une dessication de quelques heures, les œufs et spécialement les œufs d'hiver sont transportés facilement d'un lac à l'autre attachés aux plumes et aux pattes des palmipèdes migrateurs (2). Dans ces conditions « la différenciation des espèces pélagiques peut avoir lieu dans des lacs fort éloignés des nôtres et à des époques géologiques fort distantes de nous. Pour cette différenciation nous ne sommes plus arrêtés par la durée fort restreinte qui nous sépare de l'époque glaciaire, ni par les dimensions souvent fort étroites des petits lacs où nous rencontrons des espèces pélagiques. »

Comment s'est faite cette différenciation ? Forel l'explique par l'entraînement au large de la faune des espèces littorales et leur adaptation à ce milieu nouveau. « Condamnés à une natation perpétuelle, ces petits animaux sont devenus les excellents nageurs que nous connaissons, sans traces d'appareils de fixation. N'ayant d'autre moyen de fuir la dent des poissons qu'en échappant à leur vue, ils sont devenus les Entomostracés hyalins et pellucides de notre faune pélagique. » — Enfin, c'est par une différenciation analogue de certaines espèces des deux autres groupes que s'est formée la faune profonde.

Cette faune profonde, étudiée en particulier par Forel au lac Léman, comprend un assez grand nombre d'espèces caractérisées par un faciès particulier (3).

Les exemplaires sont de très petite taille, comparés soit aux autres espèces du même genre, soit aux variétés de la même espèce. Les yeux tendent à disparaître et la coloration devient terne. En ce qui concerne les mollusques, la coquille est non seulement plus petite que celle des faunes littorales,

(1) J.-B.-A. Eusébio, *Recherches sur la Faune pélagique des lacs d'Auvergne*, Clermont, 1888.

(2) De Guerne, *Excursion aux Iles Fayal et San-Miguel*. — Divers travaux in « A. F. A. S. ».

(3) Forel, *Le Léman : Monographie limnologique*, tome III, 1re livraison, Lausanne, 1902.

mais elle est remarquable par sa fragilité, sa transparence, son apparence cornée. Enfin, « les animaux qui normalement renferment dans leurs organes de l'air à l'état aériforme, ne pouvant venir à la surface faire ou renouveler leur provision de gaz, remplacent ce fluide par de l'eau : poumons des Limnées, trachées des larves d'Insectes. » (Forel, *loc. cit.*, p. 263 et 264.)

Parmi toutes ces espèces de la faune profonde, il est possible, d'ailleurs, qu'un certain nombre dérivent d'organismes avicoles provenant des eaux souterraines qui entrent dans le lac sous forme de sources sous-lacustres (*Ibid.*, p. 307).

CHAPITRE II

Le Pavin et le Chauvet

Nous ne pouvons songer, après tant d'autres, à donner une description détaillée de chacun de nos lacs. Nous voudrions simplement condenser les documents que nous possédons à leur sujet, de façon à marquer le chemin parcouru et à préciser le point de départ des études ultérieures.

Le Pavin et ses satellites. — Le système volcanique de Montchalm, avec ses cratères et ses coulées multiples, est un des points les plus intéressants de la région. C'est au pied du Montchalm que s'étale la grande nappe sombre du Pavin, encaissée par de hautes murailles boisées, le plus caractéristique et le plus étrange de tous nos lacs. La coulée qui s'est épanchée à l'est et au sud a déterminé la formation du petit lac d'Estivadoux. Enfin sur sa surface même, et au sud du volcan, les creux de Pisseport et des Margouliers, puis le Lacassou forment autant de lacs en miniature, tandis que le creux du Soucy troue de part en part le revêtement basaltique et recèle une obscure nappe d'eau.

Estivadoux, une mare plutôt qu'un lac, est à l'altitude de 1224^m. C'est un réservoir sans doute assez peu profond, en parti envahi par la végétation, mais très riche au point de vue de la faune inférieure (1). Une épaisse couche de vase en couvre le fond. D'après les renseignements recueillis sur place, Rico y aurait déposé jadis de nombreux spécimens d'Anguilles. Il serait intéressant de savoir s'ils s'y retrouvent

---

(1) Parmi les espèces intéressantes nous pouvons signaler : *Gerris odontogaster*, espèce très rare en France que nous avons trouvée également au lac des Sauvages (Cantal), *Sympetrum scoticum*, *Argyroneta aquatica*, etc. *Hygrotus inæqualis* y pullule en compagnie de nombreux autres *Dytiscides* (*D. marginalis*, etc.).

encore. — Actuellement Estivadoux est situé dans un bassin complètement fermé. Toutes les cartes en font pourtant sortir le ruisseau de Vaucoux ou Couze d'Oursières ; mais Lecoq est le premier à relever l'erreur. (Lecoq, *L'Eau sur le Plateau central*, p. 331).

Il n'y a pas non plus d'affluents visibles.

Le creux de Pisseport est situé au centre d'une dépression cratériforme très pittoresque juste au pied du cône de Montchalm (versant sud). La légende lui attribuait une profondeur considérable ; nos sondages ont rencontré le fond dépourvu de vase par 2ᵐ75. En temps ordinaire cette petite nappe d'eau ne reçoit aucun affluent et n'émet aucun émissaire ; cependant un vallonnement marque avec netteté l'emplacement d'un déversoir qui a dû fonctionner autrefois. Les eaux de Pisseport présentent une coloration verte très intense due à la présence d'une algue unicellulaire dont nous avons obtenu des cultures. Parmi les espèces de la faune, nous avons noté *Stylaria lacustris, Chœtogaster, Œcistes pilula*, etc. Les insectes y sont représentés par des légions de *Notonecta, Corixa*, etc.

Le creux des Margouliers est inexactement indiqué sur la carte de Vimont ; il se trouve, en effet, au nord et non pas au sud de l'ancienne route d'Egliseneuve. Bien connu autrefois des chasseurs de canards, il est aujourd'hui complètement comblé par la végétation ; mais la vase humide y contient encore en abondance un Oligochète limicole.

Le Lacassou est une autre mare située non loin de là, au sud, et que nous n'avons pas encore sondée. Placé à quelques mètres d'un petit cratère très régulier et très profond, il constitue aussi un bassin fermé. La faune inférieure y est abondante. C'est là que pullulent de nombreux Coléoptères aquatiques mêlés à des *Notonecta*, à des *Corixa*, et aux curieuses larves de *Corethra plumicornis*.

Enfin le creux de Soucy exploré d'abord par Martel, puis d'une façon plus complète par Berthoule, Gautier et l'un de nous, est une excavation creusée en partie dans le terrain sous-jacent, en partie sous la coulée qui lui forme une voûte élevée. Cette caverne communique avec l'extérieur à la clef de voûte par un orifice situé lui-même au fond d'un entonnoir de 11 à 12 mètres de profondeur et aujourd'hui aménagé de façon à faciliter la descente. Elle mesure environ 60^m de long sur 40 de large. Les matériaux tombés de l'orifice ont édifié un monticule dont le sommet forme un îlot ; le fond de la caverne est occupé, en effet, par une nappe d'eau atteignant près de 10^m de profondeur. Ce petit lac souterrain, situé à 21^{m}50 au-dessous de l'orifice de la voûte, se trouve à 1245^m d'altitude, c'est-à-dire 45^m environ au-dessus du Pavin. Ses eaux renferment une flore et une faune dont l'existence est intéressante à constater en raison des conditions biologiques du milieu : obscurité presque complète, présence pendant une partie de l'année d'une couche épaisse d'acide carbonique au-dessus de l'eau ; température très basse, 1°2 en juillet, 2°1 en novembre. Ce petit lac du Soucy semble le seul lac de notre région qui appartienne au type polaire.

La population vivante est constituée par les espèces suivantes :

Arctiscon sp.
Notholca longispina.
Protozoaires indéterminés.
Asterionella formosa. G.
Cyclotella operculata, var. *antiqua.* A. R.
Cymbella ehrenbergi. T. R.
    —   *cistula.* R.
    —   *aspera.* T. R.
Epithemia ocellata, var. *alpina.* R.
    —   *zebra.* A. R.
    —   *argus.* A. R.
    —   *turgida.* A. R.
Fragillaria virescens. A. C.
Melosira orichalcea. A. C.
Navicula elliptica. R.

Navicula viridis. R.

Synedra ulna. R.

La nappe d'eau est entretenue par des sources qui suintent sur le pourtour, au contact du basalte et des argiles sous-jacentes. Le trop plein doit sans doute se perdre par filtration, car, quoi qu'on ait dit, il n'existe aucun courant sensible. Les habitants du pays affirment que les cadavres des animaux jetés dans le creux de Soucy vont ressortir au Pavin ; il s'agit là d'une pure légende. Le creux de Soucy est situé dans une ancienne vallée comblée par les formations volcaniques et dirigée vers le sud ; ses eaux souterraines relèvent donc du bassin de la Gazelle.

Lac Pavin

Le lac Pavin (1) est situé par 40° 9′ 45″ de latitude et par 0° 33′ 5″ de longitude est. L'altitude de la nappe d'eau, d'après la carte de l'état-major, est de 1197^m ; celle du puy de Montchalm atteint 1372^m.

Le lac est à peu près circulaire et son diamètre mesure environ 750^m. La surface est de 44 hectares et le volume de 22.987.000 mètres cubes. L'émissaire a un débit de 1 mètre cube à $1\frac{1}{2}$ par minute en moyenne. La profondeur maximale atteint 92^{m}10, et le rapport exprimant la profondeur relative est $\frac{1}{7,10}$ (2).

Les températures relevées par Delebecque, aux différentes profondeurs, sont les suivantes :

Profondeur	19 juin	24 juin
0	14°2	14°6
10	7°8	»
20	4°5	»

(1) Le lac Pavin est à 4 kilomètres de Besse, non loin de la route d'Egliseneuve qui traverse son émissaire.

(2) Delebecque a publié la carte bathymétrique du Pavin, établie d'après ses sondages, dans l'*Atlas des Lacs français* et dans sa grande *Monographie*.

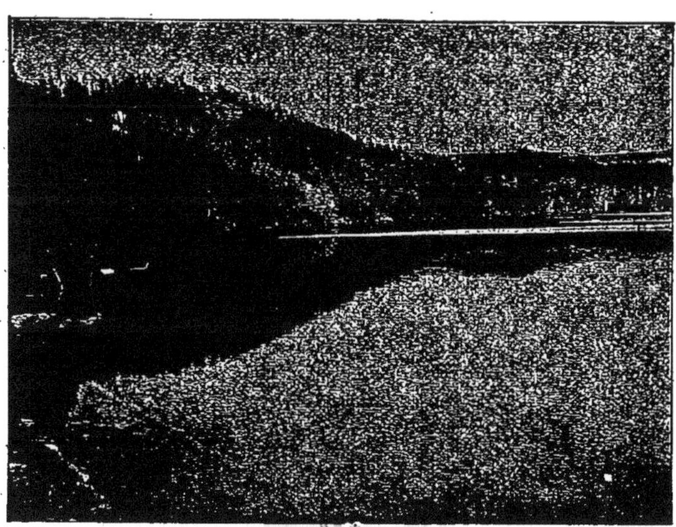

Lac Ravin

Profondeur	19 juin	24 juin
25	»	4°6
50	4°1 ?	4°6
80	»	4°5
90	»	4°6 et 4°8

Le lac gèle à la surface pendant plusieurs mois tous les ans, en général de janvier à fin mars. Berthoule cite 7° le 19 mai pour une température atmosphérique de 11°. Le 15 octobre nous avons constaté 11° pour une température atmosphérique de 13°. Le processus d'uniformisation d'automne doit s'établir très rapidement, puisque le 4 novembre suivant nous trouvions une température superficielle de 4° (1).

TRANSPARENCE ET COLORATION. — Delebecque a relevé 8ᵐ50 le 17 juin. A cette même date la couleur des eaux correspondait à la teinte V de la gamme de Forel, ce qui permet de classer le Pavin parmi les lacs verts.

COMPOSITION CHIMIQUE. — Nous devons encore à Duparc et à Delebecque l'analyse chimique des eaux superficielles prise au voisinage de l'émissaire.

Le résidu sec par litre est de 0ᵍʳ079. Les corps dosés dans le résidu sec sont les suivants :

$$
\begin{array}{ll}
SiO^2 & 0{,}0221 \\
Fe^2Al^2O^3 & 0{,}0005 \\
CaO & 0{,}0088 \\
MgO & 0{,}0071 \\
So^3 & 0{,}0012 \\
K^2O & 0{,}0051 \\
Na^2O & 0{,}0107 \\
Co^2 & 0{,}019 \text{ approximativement.}
\end{array}
$$

La silice se trouve donc en quantité relativement abondante dans le lac Pavin. Elle l'est également dans les eaux profondes du lac de la Girotte, en Savoie (0ᵍʳ032), tandis que

______

(1) Les principales sources visibles qui alimentent le Pavin se trouvent situées à l'est, au sud (température 5°) et à l'ouest (fontaine du Loup, 6°).

dans les autres lacs on n'en rencontre que quelques milligrammes. D'autre part, parmi les lacs de notre région étudiés à ce point de vue, le Pavin présente la quantité maximum de matières dissoutes (0,079) tandis que le minimum se trouve au lac de la Godivelle d'en-haut ; l'eau de ce dernier lac est presque de l'eau distillée (0^{gr}0183) (Delebecque).

L'analyse de la vase prise dans la région septentrionale du lac, à la profondeur de 37 mètres, et faite au laboratoire de l'Ecole des Mines, a, d'autre part, donné les résultats suivants :

$$Si O^2. \quad . \quad . \quad 74,60 \text{ pour cent.}$$
$$Al^2 O^3 \quad . \quad . \quad 2,80 \qquad \text{»}$$
$$Fe^2 O^3 \quad . \quad . \quad 4,60 \qquad \text{»}$$
$$Ca O. \quad . \quad . \quad \text{traces}$$

Perte par calcination.. 17,80

Les rives du Pavin sont excessivement abruptes. Parfois même, comme dans la partie orientale, elles sont formées par une muraille verticale de basalte qui plonge à pic dans les eaux ; ailleurs, les éboulis en interrompent la continuité. Par suite, les formations littorales sont très réduites, la beine ne mesure que quelques mètres, mais elle se distingue très nettement là où elle n'est pas brisée par les rochers, et, tranchant sur la coloration sombre des eaux profondes, mérite très exactement son nom de blanc-fond.

Les Phanérogames n'ont donc qu'un espace réduit pour se développer, puisque la beine est très étroite et le mont très rapide ainsi que le talus. Les espèces sont en nombre restreint, mais elles forment un tapis végétal très fourni. Les eaux transparentes laissent voir, lorsqu'elles sont directement illuminées par le soleil, de véritables forêts sous-lacustres, profondes et touffues.

Cariçaie et Phagmitaie. .	*Phalaris arundinacea.*	
»	. .	*Equisetum limosum.*
»	. .	*» palustre.*
Nupharaie.	*Myriophyllum spicatum.*	

Nupharaie . . . . *Polygonum amphibium.*
» . . . . *Ranunculus aquatilis.*
» . . . . *Callitriche hamulata.*
» . . . . *Potamogeton lucens.*
» . . . . » *natans.*
Potamogetonaie. . . . . . » *prœlongus.*
Charaie. . . . . *Chara*, spéc.

Les Muscinées fournissent, d'autre part, un certain nombre d'espèces réparties dans la zone littorale et même dans la zone profonde.

Ce sont : *Fontinalis antipyretica, F. squamosa, F. arvernica* décrite par Renaud en 1888, et qui se trouve également à Lugano (Italie) et Pola (en Istrie) (Cardot) ; *Amblystegium irriguum*, var. *heterophylla*, découverte par Thériot en septembre 1893 (Héribaud, *loc. cit.*).

Héribaud a bien voulu nous communiquer la liste des Diatomées observées au Pavin :

Gomphonema constrictum.   *Navicula pupula.*
» *capitatum.*   *Epithemia turgida.*
» *acuminatum.*   » *sorex.*
» *mustela* * (1).   » *gibba.*
Amphora ovalis.   » *zebra.*
Cymbella cuspidata *.   *Eunotia paludosa.*
» *gastroïdes.*   » *lunaris.*
» *lanceolata.*   *Synedra vaucheriæ*, var. *parvula* *.
» *cymbiformis.*
» *cistula.*   » *vaucheriæ*, var. *truncata* *.
Encyonema prostratum.
» *cœspitosum.*   » *barbatula* *.
» *ventricosum*   *Asterionella formosa* *.
Navicula viridis.   *Fragillaria construens* *.
» *radiosa.*   » *mutabilis.*
» *elliptica.*   » *brevistriata.*

(1) Les espèces marquées d'un * n'ont pas été trouvées vivantes ailleurs que dans nos lacs, mais la plupart existent dans nos dépôts fossiles.

Fragiliaria virescens.
» *æqualis.*
» *producta*.*
» *nitzschioides**
» *nitzschioides,*var.
  brasiliensis.*

Tabellaria fenestrata.
Nitzschia obtusa.
» *linearis.*
Melosira crenulata, var. *va-*
  lida.
» *tenuis.*

Les espèces signalées jusqu'ici pour la faune sont :

Daphnia longispina, var. *te-*
  nuitesta (1).
Alona affinis.
Polyphemus pediculus.
Diaptomus denticornis.
Cyclops strenuus.
Conochilus volvox.

Notholca longispina.
Triarthra longiseta.
Anurea aculeata.
Dinobryon, spec.
Vorticelles, spec.
Epistylis, spec.
Peridinium tabulatum.

La faune littorale donnera une longue série d'espèces lors-qu'elle aura été étudiée d'une façon suivie. Il est impossible, en tout cas, de ne pas signaler les très nombreux exemplaires de *Spongilla lacustris* cachés sous les pierres de la beine (déjà signalés par Lecoq en 1859), et les non moins abondants individus d'*Hydra* très vivement colorés en rouge, accrochés aux pierres dans l'émissaire.

Faune ichthyologique. — La faune naturelle du Pavin était réduite à l'Epinoche (*Gasterosteus leiurus*), au Vairon (*Phoxinus lævis*) et au Goujon (*Gobio fluviatilis*) (2). Les Vairons, pendant toute la belle saison, se promènent en bandes innombrables le long des bords, parmi les touffes de myriophylles, en compagnie des Epinoches. Ils disparaissent dès le début de l'automne pour se cacher, sans doute, dans les anfractuosités des rochers ou pour gagner la profondeur (?) Le Goujon est assez commun. Les exemplaires du Pavin adressés à Lecoq par Blanchard étaient remarquables non

---

(1) Les premières recherches sur la faune pélagique de nos lacs ont été faites par Richard et Eusébio.

(2) Le Goujon lui-même a peut-être été importé par l'homme.

seulement par leur taille, mais encore par leur coloration plus grise qu'à l'ordinaire, par les taches noires répandues sur toutes les écailles à l'exception de celles de la région ventrale, par la présence de mouchetures très nombreuses et très prononcées de leurs nageoires dorsale et caudale, et par la présence de semblables mouchetures assez multipliées sur les nageoires inférieures. Cependant, ajoute Blanchard, « comme ces caractères étaient affaiblis chez plusieurs individus dont les dimensions étaient un peu moins fortes que chez les autres, comme, en outre, les écailles soumises à une observation attentive et à une comparaison rigoureuse, n'ont rien offert de particulier, je n'ai pu voir dans ces goujons de l'Auvergne que des individus très développés et remarquablement colorés par suite de circonstances locales dont il ne m'a pas été possible de déterminer la nature. » (Blanchard, *Les Poissons des eaux douces de la France,* p. 299).

C'est en 1859 que Lecoq et Rico effectuèrent les premières tentatives d'empoissonnement. L'installation ne se fit pas sans difficultés. Il fallut déblayer les abords, percer un chemin, bâtir une chaussée et une habitation de refuge, faire venir de loin les matériaux et les bateaux. Il fallut ensuite peupler le bassin. « Malgré la longue distance de Clermont et les embarras sans nombre pendant le transport, il fut mis au lac 92.000 truites, 20.000 saumons communs, 18 saumons heuches, 8.000 omble-chevaliers, 130 cyprinides (gardons et tanches) et 200 écrevisses adultes. » (Rico, *loc. cit.*).

La première Truite a été pêchée le 15 avril 1861, elle était donc âgée de 38 mois et pesait 1.700 grammes, sa longueur était de 0ᵐ54. Un moule en plâtre fut établi et a été conservé dans la collection de Rico. Mais « par suite des pluies torrentielles et de la fonte des neiges le lac déborda en 1861 et entraîna une partie de la chaussée. Trois ouvertures de 1 mètre chacune furent alors pratiquées et l'on écarta de 1 centimètre les barreaux des grilles destinées à retenir les poissons. Mais ces mesures qui nous mirent à l'abri de nouveaux accidents ont permis aux alevins des premières années

d'aller, tous les ans, peupler la Couze d'Issoire. Cette circonstance ainsi que celle de n'avoir pu faire les pêches en temps
opportun ont été cause que l'on n'a pu prendre que 2948
truites, saumons et ombles-chevaliers, pesant ensemble
1.568ᵏ670ᵍʳ ». Le poids des Truites a varié de 250ᵍʳ à 2ᵏ500.
Les Saumons ont été pris au nombre d'une centaine environ,
leur poids variait de 500 à 1.100 grammes (1).

Les habitants de Besse gardent encore le souvenir de la
capture de Truites de 25 et de 30 livres. Le fait est à peu près
exact et remonte à 1874. Le 19 juin, un coup de filet ramena
deux salmonides dont le plus petit pesait 8 kilogs et dont
l'autre, long de 0ᵐ80, pesait 12 kilogs. Le 23 juin, un autre
coup de filet ramena un salmonide femelle long de 1ᵐ05 et
pesant 14ᵏ500ᵍʳ. Le sujet était prêt à pondre ; « cette dernière
circonstance, ainsi que le poids, me paraît suffisante pour
démontrer que ces poissons appartenaient à l'espèce du Saumon Heuch. Car les 18 alevins de Saumon Heuch, mis au lac
en 1865, étaient alors âgés de cinq mois et mesuraient 9ᶜᵐ de
longueur ; par conséquent les deux poissons pêchés en juin
étaient âgée de neuf ans. »

Le premier Omble-chevalier a été pêché en novembre 1868
(long. 43ᶜᵐ, poids 700ᵍʳ). Rico cite la capture de trois autres
spécimens. Les alevins avaient été mis au lac de 1860 à 1864.

Une Anguille de 18ᵏ500 fut prise à l'hameçon le 15 juin
1873. Les filets ont retiré également plusieurs gros Gardons et quelques fortes Tanches. Les Ecrevisses ont beaucoup grossi et se sont multipliées d'une manière remarquable. (Rico, *loc. cit.*).

Depuis ces tentatives très intéressantes de Rico, Berthoule
signale, d'après le fermier du lac, la capture, en juin 1887,
de 150 à 200 Saumons (2). Or, il avait été mis 200 alevins
de cette espèce en 1884 dans les eaux du lac.

(1) L'un de ces spécimens a été moulé et conservé à Clermont, un autre
a été présenté à la Société d'acclimatation à la séance du 10 avril 1863.

(2) Le poids de ces Saumons variait de 400 à 1250 grammes. *Les poissons
étaient « très maigres, très plats, ressemblaient assez à des lames de sabre.»*

Rico avait gardé la ferme du lac de 1859 à fin 1873. Jusqu'en 1882, le Pavin resta entre les mains d'une Société. La pisciculture fut continuée par de nouveaux fermiers ; M. Boyer-Vidal, qui posséda le lac de janvier 1883 à fin 1889, a bien voulu nous donner le résumé des opérations piscicoles qui eurent lieu sous sa direction pendant ce laps de temps. Le Pavin reçut ainsi :

En 1884 : 8.000 alevins de Truites provenant d'œufs fécondés au lac même et de reproducteurs pris dans ses eaux ; 200 alevins de Saumon commun ;

En 1885 : 7.000 alevins, dont 2.000 de Truites Loch Leven provenant d'Ecosse et 5.000 de Truites du lac Pavin ;

En 1886 : 6,000, dont 2.000 *Salvelinus fontinalis* et 1.000 *Salmo irideus ;*

En 1887 : 5.000, dont 1.000 *Salmo irideus.* En plus cette même année 1.000 alevins de *Coregonus marœna* donnés à M. Boyer par la Société d'acclimatation ;

En 1888 : 4.000 alevins provenant des reproducteurs du Pavin ;

En 1889 : 7.000 alevins, parmi lesquels 3.000 alevins de *Salmo irideus.*

Les empoissonnements se succédèrent régulièrement au cours de la période suivante, pendant laquelle M. Berthoule prit en mains la culture du lac. En 1898 la ferme échut à M. Julien Lacombe pour une période de six ans, après laquelle le lac doit revenir à la Station limnologique de la Faculté des sciences de Clermont.

Actuellement la population ichthyologique du Pavin paraît bien amoindrie. La Truite cependant s'y prend encore, elle y est de fort belle taille et pèse en moyenne de 2 à 3 kilogs ; les exemplaires de 8 à 10 livres ne sont pas exceptionnels. Mais l'Omble-chevalier, que l'on prenait assez fréquemment, il y a quelques années (1), a considérablement diminué.

(1) L'Omble-chevalier se prend aux lignes de fond au printemps ou au filet à l'époque de la ponte, c'est-à-dire au mois de décembre (lac Pavin).

Toutes les autres espèces introduites ont disparu ; du moins, depuis trois ans, nous n'en avons pas vu prendre un seul exemplaire. L'Ecrevisse s'y est maintenue (1) ; les pêcheurs les accusent de dévorer les appâts mis aux lignes de fond, même à une profondeur considérable.

Lac Chauvet

Le lac Chauvet (2) est à l'altitude de 1.166^m, au pied des puys des bois Noirs (1.305^m). La nappe d'eau s'étend sur une surface de 53 hectares. Sa largeur est de 770 mètres et son plus grand diamètre 870. Sa profondeur maximale atteint 63^{m}20, la profondeur relative est exprimée par le rapport $\frac{1}{11,51}$. Enfin le volume est de 17.328.000 mètres cubes.

L'émissaire, qui débite 8 à 10 mètres cubes au printemps, est très faible en été. Le lac est alimenté par des suintements et quelques sources naissent non loin du bord, à l'est, au sud et à l'ouest (3).

Delebecque indique les températures suivantes pour les différentes profondeurs (21 juin) :

surface. 14°3
10^m. . . . . 11°4
12^m. . . . . 8°3
15^m. . . . . 6°2
20^m. . . . . 5°3
40^m. . . . . 4°25
60^m. . . . . 4°1

Au point de vue de la température superficielle, le Chauvet paraît avoir la moyenne thermique la plus faible de tous nos lacs, il gèle en hiver sur une épaisseur considérable et, dans

(1) Il est intéressant de remarquer que l'Ecrevisse ne se trouve ni dans l'émissaire du lac Pavin ni dans le cours supérieur de la Couze.

(2) Cf. la carte bathymétrique établie par Delebecque, *loc. cit.*

(3) Sur un épaulement du puy des bois Noirs, formant terrasse au-dessus et à l'ouest du lac, se trouve une tourbière assez vaste et très caractéristique.

certaines années, ne devient libre qu'au mois de mai. Berthoule donne 5° en mai, 16° à la fin du mois d'août. On trouvera parallèlement à la courbe que nous avons donnée de la variation journalière du plancton la courbe de la variation de la température de minuit à midi au mois d'octobre (1).

Le Chauvet est un lac vert. En juin 1892 la coloration des eaux correspondait à la teinte VI. Le coefficient de transparence était 8,50 (Delebecque).

L'analyse superficielle des eaux a donné les résultats suivants :

Résidu sec par litre. . . . . . $0^{gr}021$ (Duparc)
Corps dosés dans le résidu sec : SiO^2 : 0,005
  » CaO : 0,0038
  » MgO : 0,0016
  » Cl : traces très faibles
  » Co^2 : 0,003 (approximativement)

L'analyse de la vase faite au laboratoire de l'Ecole des Mines a porté sur des échantillons prélevés dans la région sud-est à la profondeur de 54 mètres :

SiO^2 : 55 pour cent
Al^2O^3 : 5 »
Fe^2O^3 : 6 »
CaO : 0,08 »

perte par calcination 33,60 pour cent.

Traces de magnésie, chlore et acide sulfurique ; traces faibles d'alcalis.

Les rives du Chauvet sont beaucoup moins abruptes que celles du Pavin. Par suite, les formations littorales offrent au développement de la faune et de la flore un champ beaucoup plus vaste, la beine y étant assez large.

La flore y présente les espèces suivantes :

Ranunculus aquatilis.	*Menyanthes trifoliata.*
» *trichophyllus.*	*Littorella lacustris.*
Myriophyllum spicatum.	*Polygonum amphibium.*

---

(1) C. BRUYANT, *Premières recherches sur le plancton des lacs d'Auvergne*, loc. cit.

Ceratophyllum demersum.
Potamogeton crispus.
  » rufescens.
  » gramineus.
Scirpus lacustris.
Carex ampullacea.
  » vesicaria.
  » riparia.
Arundo phragmites.
Calamagrostis lanceolata.
Glyceria fluitans.
Equisetum limosum.
  » palustre.
Isoetes lacustris.

Isoetes echinospora.
Chara fœtida.
  » spec.
Hypnum cuspidatum.
  » fluitans.
Climatium dendroides.
Fontinalis antipyretica.
Aulacomnium palustre.
Sphagnum cymbifolium.
  » subscundum.
  » teres.
  » rigidum.
  » girgensohni.
  » acutifolium.

Nous devons à Héribaud la détermination des espèces de Diatomées provenant de nos pêches, ce sont :

Navicula limosa.
  » serians *.
  » iridis *.
  » major.
  » mesolepta *.
  » parva.
  » dactylus *.
  » borealis.
  » elliptica.
  » var. oblongella.
  » termes, var. stauroneiformis.
  » radiosa.
  » viridis.
  » crassinervia.
  » vulgaris.
  » gracilis.
  » cryptocephala.
Navicula amphirhynchus.
  » patula.

Eunotia gracilis.
  » incisa *.
Epithemia turgida.
  » turgida, var. granulata.
  » sorex.
  » gibba.
  » argus, var. amphicephala.
  » zebra, v. undulata
Synedra acuta.
  » ulna, v. longissima.
Hantzschia amphioxys.
  » elongata *.
Grunowia tabellaria *.
Nitzschia sinuata.
Melosira granulata *.
  » crenulata.
Cyclotella stelligera *.
  » bodanica.

Stauroneis bruni *.	*Tabellaria fenestrata.*
» *phœnicenteron.*	» *flocculosa.*
» *gallica* *.	*Eunotia gracilis.*
Meridion circulare.	» *incisa* *.
Cymbella lanceolata.	» *arcus*, var. *plicata.*
» *maculata.*	» *robusta* *.
» *helvetica.*	*Surirella robusta.*
» *cuspidata* *.	» *splendida.*
» *gastroides.*	» *gracilis.*
» *parva.*	» *elegans.*
» *cymbiformis.*	» *biseriata.*
» *chrenbergi.*	*Amphora ovalis.*
» *subœqualis.*	» *commutata.*
Cocconeis placentula.	*Encyonema prostratum.*
Fragilaria elliptica.	» *ventricosum.*
Gomphonema capitatum.	*Asterionella formosa* *(et frag-
» *acuminatum.*	ments).*

Les espèces animales dont la présence est signalée jusqu'ici sont les suivantes :

Lymnœa vulgaris, var.	*Asellus aquaticus.*
Pisidium henslowianum (1).	*Daphnia longispina.*
Ancylus lacustris.	*Diaptomus laciniatus.*
Sigara minutissima.	*Cyclops strenuus.*
Stylaria lacustris.	*Asplanchna helvetica.*
Chœtogaster.	*Ceratium hirundinella.*
Gammarus.	

FAUNE ICHTHYOLOGIQUE. — La faune naturelle était primitivement constituée par la Perche et le Vairon ; elle a été complétée par l'acclimatation de nombreuses espèces. Le lac Chauvet peut être cité comme l'exemple le plus frappant des résultats que la culture rationnelle d'un lac est capable de donner. Ces résultats sont l'œuvre de M. Berthoule, propriétaire du lac, dont nous avons déjà cité le nom plusieurs fois.

(1) Nous devons la détermination de ces deux espèces à l'obligeance de M. Locard.

M. Berthoule possède à Besse même un laboratoire de pisciculture de dimensions restreintes, mais fort bien installé. Les appareils d'incubation sont des augettes Coste avec claies en verre. Toutefois, pour les œufs de Corégones, les baguettes en verre ont été remplacées par des ardoises plates de la largueur de l'augette, creusées de rainures longitudinales et percées de petits trous. Les alevins éclos (1) au laboratoire sont transportés au lac chaque année vers le commencement de l'été. Quant à ceux de Corégones, la difficulté que présente leur alimentation nécessite leur transport à une époque très voisine de leur éclosion.

Un des premiers soins du propriétaire a été de clore le lac, « prévoyant combien il serait difficile, dans ces lieux écartés, de protéger les grillages et les vannes contre les maraudeurs, le maître du lac eut l'heureuse idée de les placer à l'intérieur même d'un pavillon de pêche qui serait construit en avancement sur la berge, à cheval sur le bief de sortie des eaux. Cette disposition, qui a été définitivement adoptée, a donné à la construction un caractère original tout en la rendant parfaitement commode et pratique : un usage déjà ancien nous a permis d'en apprécier les mérites. Elle est orientée au sud-est, face au lac, dans lequel ses pieds baignent par l'avant et sur les côtés ; un épais glacis en pierres d'appareil cimentées défend les murs contre toute infiltration, et contre les vagues qui roulent avec force par les vents du sud et du nord ; sur la façade immergée s'ouvre une baie assez large pour livrer passage au bateau, qui trouve abri, derrière une porte en fer, dans un petit hâvre intérieur ; immédiatement à la suite sont placés de forts grillages, coulissant librement dans une rainure de pierres de taille qui les supportent ; une deuxième rainure, à $0^m 15$ de la première, reçoit des vannes combinées pour maintenir à la nappe liquide un niveau déterminé. Le lac n'a pas d'autre émissaire que celui-ci, il est

(1) Il y a lieu de noter l'extrême longueur de l'incubation des œufs due à la très basse température des eaux. L'incubation ne dure jamais moins de 3 mois et se prolonge habituellement au delà de 100 jours.

donc complètement clos. Outre cette partie centrale affectée au bateau, le pavillon comporte d'un côté une écurie, de l'autre un vivier à poissons alimenté sur le lac et muni d'une soupape à l'aide de laquelle on peut le vider en peu d'instants. Au premier étage se trouvent une grande pièce libre, pourvue d'une grande cheminée, et une petite chambre. Les combles contiennent des lits de pêcheurs, une réserve de fourrage et de bois sec, des paniers, des agrès, des ustensiles de toute nature, et les filets qu'un jeu de trappes et une poulie permettent de hisser directement du bateau. De solides portes en fer, des murs épais soigneusement crépis, une toiture en dalles de basalte, font de cette construction, au sommet des montagnes, un abri hospitalier. » (Berthoule).

L'empoissonnement du lac ainsi aménagé a été entrepris au cours de l'hiver 1869-1870. A cette époque, le laboratoire de Besse reçut :

    5.500 œufs de Saumon ;
    2.000 — d'Omble-chevalier ;
    2.000 — de Truite des lacs ;
    2.000 — — saumonée ;
      475 — — ordinaire du pays ;
  70.000 — de Coregone-fera.

Les éclosions se firent normalement, sauf pour les Coregones qui furent décimés. Tous les alevins obtenus furent disséminés dans le lac.

En 1872, nouvel ensemencement :

    Salmo lacustris : 7.000 ;
    Salvelinus umbla : 9.000 ;
    Salmo fario : 35.000 ;
    Coregonus : 40.000.

Enfin, depuis cette date, les ensemencements se sont continués régulièrement avec des œufs d'espèces diverses, parmi lesquelles : *Salvelinus fontinalis, Salmo irideus, Coregonus marœna, C. albus.* Une soixantaine de Tanches adultes, de 2 à 300 grammes, furent également jetées dans les eaux du lac.

Les Saumons ont disparu sans laisser de traces ; c'est à peine s'il en a été pris quelques-uns dès le début.

La première Fera fut prise le 1er juillet 1871 : elle mesurait 0 m. 13 et pesait 62 grammes. On a capturé pendant les années suivantes d'autres sujets de cette espèce dont le plus gros, pêché en 1889, pesait 1 k. 042. Mais cette pêche n'a pas pris l'importance qu'on pouvait en attendre, sans doute par cette raison qu'elle n'a guère été tentée que de jour et sur les bords, alors qu'il faudrait l'exercer de nuit par de grands fonds et avec des filets spéciaux comme au Léman.

L'Omble-chevalier se montre très rarement : les plus gros ont pesé 2 kilogrammes. « Il est présumable que ce poisson ne s'écarte guère non plus des grands fonds que ne balayent pas les filets, car on ne peut guère supposer qu'il ait complètement disparu. Il se plaît incontestablement dans les eaux du pays ; nous en conservons, en effet, depuis fort longtemps en captivité dans des bassins assez étroits dans lesquels sa taille s'est développée d'une manière notable. » (Berthoule, *loc. cit.*).

La Tanche paraît être acquise. Il n'est pas rare d'en prendre d'un poids voisin de 3 kilogrammes.

Quant aux Truites des diverses espèces, elles ont largement prospéré. En 1872, celles qu'on capturait pesaient jusqu'à une livre. L'année suivante, quelques-unes atteignaient le poids de 1900 grammes ; en 1874, 2 kilogrammes. Depuis cette époque, elles ont gagné régulièrement 1/2 kilog. par an, jusqu'à un maximum constaté de 5 kilogs 1/2, ce qu'on peut déduire de cette circonstance, que les plus gros sujets capturés dans le cours d'une année dépassaient dans cette proportion les plus gros de l'année précédente.

Tels sont donc les résultats obtenus au lac Chauvet. Nous avons tenu à les signaler en détail — en faisant de larges emprunts au livre de M. Berthoule, — car ils nous semblent des plus significatifs.

CHAPITRE III

Documents concernant les autres lacs

Lac d'Anglard ou de Bourdouze (1)

Altitude (Alt.) (2) : 1.170^m. — Superficie (Sup.) : 18$^{hect.}$05 (cadastre). — Profondeur maximale (P. M.) : 10^m (Berthoule) ; 4^{m}50 (Delebecque). — Coloration des eaux (Col.) : VIII, IX.

FLORULE SUPÉRIEURE

Nuphar pumilum.
Comarum palustre.
Myriophyllum spicatum.
Cicuta virosa.
Utricularia minor.
Menyanthes trifoliata.
Veronica scutellata.
Scutellaria gallericulata.
Littorella lacustris.
Polygonum amphibium.
Ceratophyllum submersum.
Potamogeton lucens.
   »   *natans.*
Sparganium ramosum.
   »   *minimum.*
Scirpus lacustris.
   »   *acicularis.*
Carex limosa.

Carex filiformis.
   »   *ampullacea.*
   »   *vesicaria.*
   »   *riparia.*
Phalaris arundinacea.
Arundo phragmites.
Glyceria fluitans.
Hypnum cuspidatum.
   »   *fluitans.*
Climatium dendroides.
Aulacomnium palustre.
Bryum turbinatum.
   »   *pseudotriquetrum.*
Sphagnum cymbifolium.
   »   *subsecundum.*
   »   *girgensohnii.*
   »   *acutifolium.*
Chara fœtida.

(1) Le lac d'Anglard est un lac étang ; son émissaire assez faible est tributaire du ruisseau de la Gazelle.

(2) Pour l'étude des lacs qui vont suivre nous adopterons les abréviations indiquées entre parenthèses. — Toutes les déterminations de Diatomées sont dues à F. Héribaud Joseph.

FLORULE DIATOMIQUE

Navicula ambigua.	*Diatoma hyemale.*
Epithemia gibba.	*Nitzchia angustata.*
Eunotia gracilis.	*Surirella splendida.*
Synedra gracilis.	

FAUNULE INFÉRIEURE

Sigara minutissima.	*Chydorus sphœricus.*
Sida crystallina.	*Diaptomus denticornis.*
Daphnella brandtiana.	*Cyclops strenuus.*
Daphnia longispina, var.	» *coronatus.*
tenuitesta.	*Conochilus volvox.*
Ceriodaphnia pulchella.	*Anurœa cochlearis.*
Bosmina longirostris.	*Asplanchna helvetica.*
Acroperus leucocephalus.	*Polyarthra platyptera.*
Alona affinis.	*Ceratium hirundinella.*
Pleuroxus truncatus.	*Peridinium tabulatum.*

FAUNULE ICHTHYOLOGIQUE

Perche, Tanche, Brochet, Brême, Gardon (Berthoule).

Lac d'Aydat

Alt. : 825^m. — Sup. : 60$^{hect.}$ 31 (cadastre). — P. M.: 14^{m}50 (Delebecque) ; 30^m (Legrand d'Aussy). — Col. : XI. — Transparence : 2.50 (25 juin 1892, Delebecque).

FLORULE SUPÉRIEURE

Ranunculus aquatilis.	*Mentha palustris.*
» *trichophyllus.*	*Littorella lacustris.*
Nuphar luteum.	*Polygonum amphibium.*
Elatine hexandra.	*Ceratophyllum demersum.*
Myriophyllum spicatum.	*Potamogeton densus.*
» *verticillatum.*	» *crispus.*
Menyanthes trifoliata.	» *natans.*

Potamogeton gramineus.
Typha latifolia.
Scirpus acicularis.
Carex ampullacea.
  » vesicaria.
  » riparia.
Phalaris arundinacea.
Arundo phragmites.

Equisetum limosum.
  » palustre.
Hypnum cuspidatum.
  » fluitans.
Fontinalis antipyretica.
Aulacomnium palustre.
Scirpus lacustris.
Sphagnum acutifolium.

FLORULE DIATOMIQUE

Diatoma tenue.
Meridion circulare.
Tabellaria fenestrata.
  » flocculosa.
Nitzschia angustata.
  » linearis.
Surirella saxonica.
  » biseriata.
Melosira varians.
Cyclotella comta.
  » » var. arver-
    na*.
Cyclotella bodanica*.
  » kutzingiana.
Cocconeis pediculus.
  » lineata.
  » placentula.
Achnanthes exilis.
Gomphonema constrictum.
  » »
    var. subcapitata.
Gomphonema acuminatum.
  » intricatum.
  » brebissonii.
  » vibrio.
  » olivaceum.

Amphora ovalis.
  » affinis.
Cymbella ehrenbergii.
  » cuspidata.
  » amphicephala.
  » affinis.
  » anglica.
  » lanceolata.
  » cymbiformis.
  » cistula.
  » maculata.
  » tumida.
  » helvetica.
Encyonema prostratum.
  » cæspitosum.
  » ventricosum.
Stauroneis phœnicenteron.
Mastogloia smithii.
Navicula dactylus*.
  » major.
  » viridis.
  » humilis.
  » radiosa.
  » elliptica.
  » ambigua.
  » affinis.

Navicula patula.
Pleurosigma spencerii.
Epithemia turgida.
  » *sorex.*
  » *gibba.*
  » *argus.*
Ceratoneis arcus.
Synedra ulna.
  » *capitata.*
  » *delicatissima.*
  » *radians.*

Synedra gracilis.
Fragilaria capucina.
  » *mutabilis.*
  » *striatula *.*
  » *construens.*
  » *parasitica.*
  » *binodis.*
  » *virescens.*
Denticula tenuis.
  » *inflata.*

FAUNULE INFÉRIEURE

Sida crystallina.
Daphnella brandtiana.
Daphnia longispina.
  » var. *tenuitesta.*
Ceriodaphnia reticulata.
Simocephalus vetulus.
Bosmina longirostris.
Eurycercus lamellatus.
Camptocercus rectirostris.
Acroperus leucocephalus.
Alona affinis.
  » *costata.*
Pleuroxus trigonellus.
  » *truncatus.*

Pleuroxus personatus.
  » *excisus.*
  » *nanus.*
Chydorus sphœricus.
Diaptomus denticornis.
Cyclops coronatus.
  » *serrulatus.*
Canthocamptus staphylinus.
Notholca longispina.
Anurœa cochlearis.
Asplanchna ?
Polyarthra platyptera.
Ceratium hirundinella.

FAUNULE SUPÉRIEURE

Perche, Chabot, Tanche, Gardon, Carpe, Chevenne, Goujon, Vairon, Truite, Ecrevisse.

—

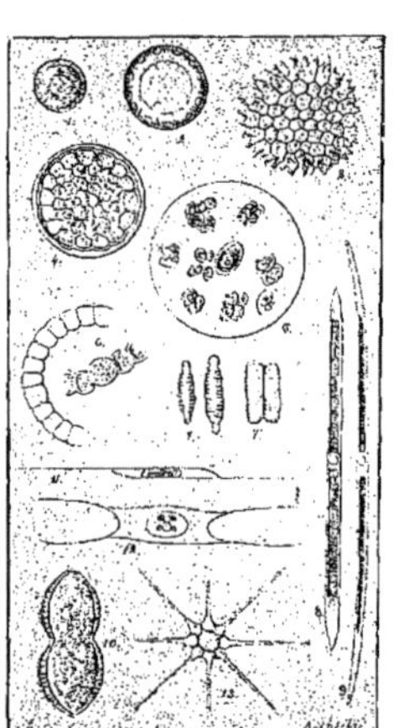

Types d'Algues

1. *Cyclotella comta* (Héribaud). — 2. *Melosira cunalifera* (Hérib.). — 3. *Pediastrum boryanum* (Apstein). — 4 *Pandorina morum* (Apst.). — 5. *Sphaerocystis schroeteri* (Chodat). — 6. *Anabœna flos-aquœ* (d'apr. nat.). — 7. *Fragilaria construens* (Hérib.). — 8 et 9. *Closterium aciculare* (Chod.) — 10. *Nitzschia panduriformis* (Hérib.). — 11. *Rhizosolenia longiseta* (Zacharias). — 12. *Attheia zachariasi* (Zach.). — 13. *Asterionella formosa* (d'apr. nat.).

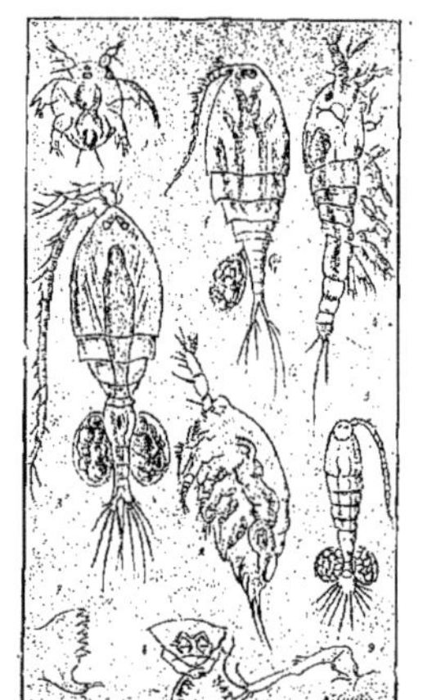

Types de Copépodes

1. Larve de *Cyclops serrulatus* (Claus). — 2. Larve de *Diaplomus castor* (Claus). — 3. *Cyclops coronatus* (Claus). — 4. *Canthocamptus minutus* (Claus). — 5. *Diaplomus cœruleus* (Claus). — 6 *Cyclops serrulatus* (Claus) — 7 et 8. Détails de *Cyclops serrulatus* (Claus). — 9 Détails de *Cyclops coronatus* (Claus).

Types de Cladocères

1. *Bosmina longirostris*. — 2. *Polyphemus pediculus*. — 4. Détail du n° 5. — 5. *Sida crystallina*. — 6. *Eurycercus lamellatus*. — 7. *Pleuroxus personatus*. — 8. Détails de *Pleuroxus affinis*.

Lac de Chambedaze

Alt. : 1.147^m. — Sup. : 6^{hect}25 (cadastre) (1). — P. M. : 5^m (Berthoule). — Débit du déversoir, en été, 1 mètre cube par minute.

FLORE SUPÉRIEURE

Ranunculus aquatilis.
» trichophyllus.
Nuphar luteum.
» pumilum.
Nymphæa alba.
Comarum palustre.
Myriophyllum verticillatum.
Hydrocotyle vulgaris.
Ligularia sibirica.
Oxycoccos palustris.
Andromeda polifolia.
Utricularia vulgaris.
» minor.
Menyanthes trifoliata.
Veronica scutellata.
Littorella lacustris.
Polygonium amphibium.
Callitriche hamulata.
Narthecium ossifragum.
Potamogeton lucens.
» natans.
Sparganium minimum.
Eriophorum gracile.

Scirpus lacustris.
» acicularis.
Carex chordorhiza.
» pauciflora.
» filiformis.
» ampullacea.
» vesicaria.
Phalaris arundinacea.
Arundo phragmites.
Equisetum limosum.
» palustre.
Lycopodium inundatum.
Hypnum cuspidatum.
» kneiffii.
» fluitans.
Climatium dendruides.
Fontinalis antipyretica.
Polytrichum commune.
Aulacomnium palustre.
Bryum turbinatum.
» pseudotriquetrum.
Sphagnum cymbifolium.
» subsecundum.

(1) Chambedaze est aujourd'hui une grande fabrique de tourbe et les plantes marécageuses s'avancent tous les ans sur ses bords, formant des masses flottantes aux contours onduleux adhérentes à peine au terrain environnant et sous lesquelles se trouve un abîme rempli d'eau. Il ne reste à découvert que le milieu du bassin (LECOQ. *loc. cit.*, p. 332). C'est ce qui explique que Berthoule attribue à ce lac une superficie de 14 hectares.

Sphagnum girgensohnii. *Sphagnum acutifolium.*
»   *fimbriatum.* *Chara fragilis.*
»   *rigidum.* »   *fœtida.*

FLORULE DIATOMIQUE

Cymbella ehrenbergii, C. cistula, Epithemia sorex.

FAUNULE INFÉRIEURE

*Corixa striata, C. fabricii, Gyrinus marinus, Bythinia sp.,
Pisidium spec., Limnœa, sp.*

FAUNULE ICHTHYOLOGIQUE

F. nat. : Gardon, Perche, Brochet.
F. introduite : Tanche, Carpe (Berthoule)

Lac Chambon

Alt. : 880^m. — Sup. : 60^h 30 (cadastre). — P. M. : 5^{m}80
(Berthoule). — Volume : 2.118.000 mètres cubes (1). — Le
lac est traversé par la Couze de même nom dont le débit
moyen est de 1^{mc} par seconde, mais peut atteindre un maximum de 30 mètres cubes. On observe ainsi des variations
très considérables du niveau du lac.

FLORE SUPÉRIEURE

Ranunculus aquatilis. *Ceratophyllum demersum.*
»   *trichophyllus.* »   *submersum.*
Nuphar luteum. *Potamogeton lucens.*
Comarum palustre. »   *densus.*
Myriophyllum spicatum. *Sparganium ramosum.*
Sium latifolium. *Scirpus lacustris.*
Menyanthes trifoliata. »   *acicularis.*
Veronica scutellata. *Arundo phragmites.*
Scutellaria gallericulata. *Equisetum limosum.*
Littorella lacustris. *Hypnum cuspidatum.*
Polygonum amphibium. *Bryum turbinatum.*

(1) La plus forte crue connue a déterminé une élévation de niveau de
1^m 46, le volume des eaux du lac atteignant alors 3.112.000 mètres cubes.

Sphagnum subsecundum.
  »   teres.
  »   acutifolium.

Chara fragilis.
Nitella flexilis.

FLORULE DIATOMIQUE

Navicula nobilis.
  »   ambigua.
  »   crassinervia.
  »   affinis.
  »   patula.
Epithemia gibba.

Eunotia gracilis.
Synedra gracilis.
Diatoma hyemale.
Nitzschia angustata.
Surirella splendida.

FAUNULE INFÉRILURE

Limnæa stagnalis.
  »   auricularia (sp.).
Ancylus sp.
Daphnella brandtiana.
Hyalodaphnia apicata.

Bosmina longirostris.
Cyclops strenuus.
Notholca longispina.
Anuræa curvicornis.
Asplanchna Girodi.

FAUNULE ICHTHYOLOGIQUE

Perche, Chabot, Tanche, Gardon, Brême, Truite, Ecrevisse. Le Brochet, commun autrefois, semble avoir disparu. Depuis six ans il n'en a été pris aucun exemplaire (renseignement fourni par le propriétaire du lac, M. Busseuil).

Lac de la Crégut

Alt.: 900^m environ. — Sup.: 36^{h}27 (cadastre). — P. M.: 26^{m}50 (Delebecque). — Les eaux donnent un résidu sec par litre de 0^{gr}034 (Delebecque).

FLORE SUPÉRIEURE

Ranunculus aquatilis.
  »   trichophyllus.
Nuphar luteum.
  »   pumilum.
Nymphæa alba.
Comarum palustre.

Littorella lacustris.
Scutelleria gallericulata.
Polygonum amphibium.
Ceratophyllum demersum.
Potamogeton natans.
  »   densus.

Scirpus lacustris.

» acicularis.

Carex ampullacea.

» vesicaria.

» paludosa.

Glyceria fluitans.

Equisetum limosum.

» palustre.

Lycopodium inundatum.

Hypnum stramineum.

Hypnum cuspidatum.

» aduncum.

» kneiffii.

» fluitans.

Polytrichum commune.

Bryum pseudotriquetrum.

Sphagnum cymbifolium.

» subsecundum.

Nitella flexilis.

FLORULE DIATOMIQUE

Gomphonema constrictum.

» acuminatum.

» brebissonii.

» vibrio.

Cymbella subæqualis.

Encyonema gracile.

Navicula viridis.

» longa*.

» parva.

» radiosa.

» tenella.

» viridula.

» cesatii*.

» mutica.

» ambigua.

» rhomboïdes.

» crassinervia.

Navicula iridis*.

» rotœana.

Epithemia zebra.

Synedra ulna.

» gracilis.

Fragillaria capucina.

» mutabilis.

» nitzschioides*.

Tabellaria fenestrata.

» flocculosa.

Cymatopleura solea.

Nitzschia tryblionella.

Melosira granulata.

» tenuis.

Cyclotella operculata.

» comta.

FAUNULE ICHTHYOLOGIQUE

Perche, Tanche, Goujon, Vairon.

Lac des Esclauzes

Alt.: 1.076^m. — Sup.: 28^{h}69 (cadastre). — P. M.: 4^m (Berthoule).

FLORULE SUPÉRIEURE

Ranunculus aquatilis.
» trichophyllus.
Nuphar luteum.
Nymphœa alba.
» minor.
Comarum palustre.
Myriophyllum spicatum.
Andromeda polifolia.
Menyanthes trifoliata.
Littorella lacustris.
Polygonum amphibium.
Ceratophyllum demersum.
» submersum.
Potamogeton lucens.
Sparganium ramosum.
» minimum.
Eriophorum gracile.
Scirpus lacustris.
» acicularis.
» fluitans.
Carex chordorhiza.
» pauciflora.
» filiformis.

Carex vesicaria.
Arundo phragmites.
Glyceria fluitans.
Equisetum limosum.
» palustre.
Lycopodium inundatum.
Hypnum stramineum.
» scorpioides.
» fluitans.
» cuspidatum.
» vernicosum.
Climatium dendroides.
Aulacomnium palustre.
Bryum turbinatum.
Sphagnum cymbifolium.
» teres.
Sphagnum fimbriatum.
» acutifolium.
» rigidum.
» recurvum.
» subsecundum.
» squarrosum.
Chara fœtida.

FLORULE DIATOMIQUE

Rhoicosphenia curvata.
Gomphonema commutatum*.
» brebissonii.
Cymbella gastroides.
Mastogloia smithii.
Navicula longa*.
» brebissonii.
» gracilis.
Epithemia gibba.
» zebra.

Eunotia robusta.
» incisa*.
Asterionella formosa*.
Fragilaria producta*.
» nitzschioides*.
Diatoma vulgare.
Tabellaria fenestrata.
» flocculosa.
Nitzschia tabellaria.

Holopedium gibberum.
Sida crystallina.
Daphnella brandtiana.
Daphnia longispina, var. *littoralis.*
Simocephalus vetulus.
Bosmina obtusirostris.
Streblocerus serricaudatus.
Alona rostrata.
   » *rectangula?*
Pleuroxus truncatus.
   » *excisus.*

Chydorus sphæricus.
Polyphemus pediculus.
Diaptomus cæruleus.
Cyclops coronatus.
   » *serrulatus.*
Notholca longispina.
Anuræa cochlcaris.
   » *aculeata.*
Polyarthra platyptera.
Triarthra longiseta.
Asplanchna, sp.
Ceratium hirundinella.

Perche, Tanche, Brochet (Berthoule).

Lac de la Faye

Alt: 1.106^m. — Sup. : 1^h 41 (cadastre). — Profondeur: 2^m50 à 3 mètres. — Débit moyen du déversoir : 60 à 80 litres.

Comarum palustre.
Veronica scutellata.
Littorella lacustris.
Ceratophyllum submersum.
Potamogeton lucens.
   » *crispus.*
Sparganium ramosum.
Scirpus lacustris.
   » *acicularis.*
Carex limosa.

Carex ampullacea.
   » *riparia.*
Glyceria fluitans.
Equisetum limosum.
Equisetum palustre.
Hypnum cuspidatum.
Sphagnum subsecundum.
   » *acutifolium.*
Chara, sp.

Cocconeis placentula, Navicula iridis, N. patula.*

Tanche, Truite (Berthoule).

Lac inférieur de la Godivelle

Alt : 1.200^m environ. — Sup. : 15^h 77 (cadastre). — Prof. : 2, 3 mètres (1).

FLORULE SUPÉRIEURE

Ranunculus aquatilis.	*Carex limosa.*
» *trichophyllus.*	» *vesicaria.*
Nuphar luteum.	» *riparia.*
Nymphæa alba.	» *paludosa.*
Cicuta virosa.	*Phalaris arundinacea.*
Menyanthes trifoliata.	*Arundo phragmites.*
Veronica scutellata.	*Equisetum palustre.*
Littorella lacustris.	*Isoetes lacustris.*
Ceratophyllum submersum.	» *echinospora.*
Potamogeton lucens.	*Hypnum stramineum.*
» *crispus.*	» *cuspidatum.*
» *natans.*	*Sphagnum cymbifolium.*
Sparganium ramosum.	» *subsecundum.*
Scirpus lacustris.	» *acutifolium.*
» *acicularis.*	» *recurvum.*

FLORULE DIATOMIQUE (2)

Cocconeis placentula.	*Navicula elliptica.*
Gomphonema acuminatum.	» *amphirhynchus.*
» *subclavatum.*	*Epithemia westermannii.*
» *commutatum* *.	» *sorex.*
» *intricatum.*	» *gibba.*
» *brebissonii.*	*Synedra ulna.*
Amphora ovalis.	*Fragilaria capucina.*
Navicula viridis.	» *construens.*
» *cryptocephala.*	» *mutabilis.*

(1) Ce lac occupe la partie la plus basse d'un marais tourbeux et il couvrait sans doute autrefois toute la vallée. La tourbe extraite est le seul combustible de la Godivelle (Lecoq, *loc. cit.*)

(2) Nous avons constaté la présence d'une espèce de Nostoc dont les volumineuses colonies sphériques couvraient tout le fond du lac (1893).

Diatoma anceps.   *Tabellaria flocculosa.*
Tabellaria fenestrata.   *Melosira varians.*

FAUNULE INFÉRIEURE

Limnæa vulgaris, var., *Sigara minutissima*, *Gammarus* T. C., *Alona oblonga*.

FAUNULE ICHTHYOLOGIQUE

Perche, Tanche, Carpe, Vairon, Truite.

Lac supérieur de la Godivelle (1)

Alt.: 1.225^m. — Sup.: 14^h80; longueur, 500^m; largeur, 380^m. — P. M.: 43^m70. — P. R.: 1/8,81. — Col.: IV. — Volume: 2.736.000 mètres cubes. — Température au 22 juin 1892 :

0^m	10^m	20^m	35^m	40^m
$14°6$	$11°8$	$8°9$	$6°5$	$6°2$

L'analyse chimique de l'eau superficielle puisée au milieu du lac a donné les résultats suivants (Duparc et Delebecque) :

Résidu sec par litre : $0^{gr}0183$.

Corps dosés dans le résidu sec :

SiO^2: 0,0007.
CaO: 0,0028.
MgO: 0,0014.
So^3 : 0,0048.
Cl. : traces.
Co^2: 0,001 au maximum.

FLORULE SUPÉRIEURE

Myriophyllum spicatum, Littorella lacustris.

FAUNULE ICHTHYOLOGIQUE

Perche (Berthoule).

(1) Cf. la carte du lac *in* Delebecque, *loc. cit.*

Lac de Guéry

Alt. : 1.260^m. — Sup. : 20^{h}77 (cad.) (1). — P. M. : 7^{m}80
(Delebecque). — Col. : X. — Transp. : 5^{m}50 (26 juin 1892).

FLORULE SUPÉRIEURE

Ranunculus aquatilis.	*Arundo phragmites.*
» *tricophyllus.*	*Glyceria fluitans.*
Comarum palustre.	*Equisetum limosum.*
Myriophyllum spicatum.	» *palustre.*
» *alterniflorum.*	*Isoetes lacustris.*
Veronica scutellata.	» *echinospora.*
Littorella lacustris.	*Hypnum cuspidatum.*
Polygonum amphibium.	» *fluitans.*
Callitriche hamulata.	*Fontinalis antipyretica.*
Ceratophyllum demersum.	*Aulacomnium palustre.*
» *submersum.*	*Bryum pseudotriquetrum.*
Potamogeton densus.	*Sphagnum cymbifolium.*
» *crispus.*	» *fimbriatum.*
» *natans.*	» *subsecundum.*
» *rufescens.*	» *girgensohnii.*
» *gramineus.*	» *acutifolium.*
Sparganium ramosum.	» *recurvum.*
Scirpus lacustris.	*Chara fragilis.*
» *acicularis.*	» *braunii.*
Carex limosa.	*Nitella flexilis.*
» *vesicaria.*	» *tenuissima.*

FLORULE DIATOMIQUE

Gomphonema constrictum.	*Cymbella lanceolata.*
» *acuminatum.*	» *cymbiformis.*
» *augur* *.	» *maculata.*
» *affine* *.	*Encyonema prostratum.*
Cymbella naviculiformis.	» *cœspitosum.*

(1) La profondeur et la surface indiquées ont été déterminées avant
l'établissement de la digue qui permet de surélever le niveau du lac de
3 mètres.

Navicula mutica.
  »   crassinervia.
Epithemia turgida.
  »   gibba.
  »   zebra.
Synedra acuta.
Asterionella formosa *.
Fragilaria nitzschioides *.

Tabellaria fenestrata.
Suririella splendida.
  »   robusta *.
Melosira lirata *.
  »   tenuis.
Cyclotella commensis *.
  »   kutzingiana.

FLORULE INFÉRIEURE

Holopedium gibberum.
Daphnia longispina.
Bosmina longirostris.
Asplanchna helvetica.
Polyarthra platyptera.

Notholca longispina.
Anurœa cochlearis.
Vorticilla, spec.
Epistylis, spec.
Peridinium tabulatum.

FAUNULE SUPÉRIEURE

Vairon, Epinoche (*G. leiurus*), Truite.

Diverses espèces ont été importées dans le lac en 1895 ; il s'agit de : *Limnœa vulgaris* et de *Gammarus*, provenant du lac inférieur de la Godivelle et de l'étang de Sayat (1).

Lac de la Landie

Alt. : 1.000^m environ. — Surface : 25^{h}76 (cad.). — Prof. : 17^m (Delebecque). — Résidu sec : 0^{gr}03 par litre.

FLORULE SUPÉRIEURE

Ranunculus trichophyllus.
Nuphar pumilum (Lecoq).
Comarum palustre.

Littorella lacustris.
Polygonum amphibium.
Potamogeton lucens.

(1) Un des propriétaires du lac, M. Tardif, nous assure y avoir introduit également le ChaLot. — Près de la rive de Guéry a été construit, en 1881, par l'ancien propriétaire, M. Ondet, un laboratoire de pisciculture fort bien aménagé et destiné à assurer le repeuplement du lac. Le lac a été très poissonneux jusqu'ici, mais on peut se demander quelle sera l'influence des variations de niveau dû au fonctionnement de la vanne et transformant, durant une partie de l'année, les rives en marécages.

Potamogeton crispus.
» natans.
» rufescens.
» gramineus.
Scirpus lacustris.
» acicularis.
Carex ampullacea.
» riparia.
Phalaris arundinacea.
Calamagrostis lanceolata.

Equisetum limosum.
» palustre.
Isoetes lacustris (Lecoq).
Hypnum stramineum.
» cuspidatum.
Sphagnum cymbifolium.
» subsecundum.
» girgensohnii.
» acutifolium.

FLORULE DIATOMIQUE

Cymbella cuspidata.
» maculata.
Encyonema ventricosum.
Navicula dactylus*.

Epithemia sorex.
» zebra.
Surirella splendida.

FAUNULE INFÉRIEURE

Holopedium gibberum.
Daphnia longispina, var.
  affinis.
Ceriodaphnia pulchella.
Diaptomus denticornis.
Notholca longispina.

Polyarthra platyptera.
Vorticella, spec.
Epistylis, spec.
Peridinium tabulatum.
Ceratium hirundinella.

Henneguy signale en outre deux *Desmidiées* (*D. swartzii* Naeg. *Pleurotœnium trabecula* Naeg.)

FAUNULE ICHTHYOLOGIQUE

Perche, Tanche, Carpe. — Espèce introduite : Truite.

Lac de Laspialade

Alt. : 950^m environ. — Sup. : 5^{hec} (Berthoule).

FLORULE SUPÉRIEURE

Nuphar luteum.
» pumilum.
Nymphæa alba.

Comarum palustre.
Oxycoccos palustris.
Andromeda polifolia.

Menyanthes trifoliata.

Veronica scutellata.

Myriophyllum spicatum.

Polygonum amphibium.

Scheuchzeria palustris.

Narthecium ossifragum.

Potamogeton lucens.

» crispus.

» natans.

» gramineus.

Scirpus lacustris.

Phalaris arundinacea.

Arundo phragmites.

Lycopodium inundatum.

Hypnum cuspidatum.

» nitens.

Climatium dendroides.

Aulacomnium palustre.

Sphagnum cymbifolium.

» fimbriatum.

» subsecundum.

» teres.

» squarrosum.

» girgensohnii.

» acutifolium.

» recurvum.

FLORULE DIATOMIQUE

Cymbella microcephala.

» cymbiformis.

Navicula longa*.

» radiosa.

» tenella.

» mutica.

Navicula exilis.

Epithemia sorex.

» zebra.

Eunotia pectinalis.

» paludosa.

Diatoma anceps.

FAUNULE ICHTHYOLOGIQUE

Truite (Berthoule), Tanche, Vairon.

Lac de Montcineyre

Alt. : 1.174^m. — Sup. : 37^{h}81 (cadastre). — P. M. : 18^n. — Col. : V-VI. — Résidu sec par litre : 0^{gr}0346.

FLORULE SUPÉRIEURE

Menyanthes trifoliata.

Littorella lacustris.

Potamogeton crispus.

» gramineus.

» prœlongus.

Sparganium ramosum.

Carex stricta.

» riparia.

» filiformis.

» paludosa.

» ampullacea.

Arundo phragmites.

Glyceria fluitans.
Equisetum limosum.
  »   palustre.
Isoetes lacustris.
  » echinospora.
Lycopodium inundatum.
Hypnum stramineum.
  »   fluitans.

Hypnum cuspidatum.
Aulacomnium palustre.
Sphagnum subsecundum.
  »   squarrosum.
  »   acutifolium.
  »   teres.
  »   girgensohnii.
  »   recurvum.

FLORULE DIATOMIQUE

Gomphonema commutatum*.
  »   intricatum.
Encyonema prostratum.

Navicula exilis.
  » affinis.

FAUNULE INFÉRIEURE

Holopedium gibberum.
Sida crystallina.
Daphnia longispina, var.
  tenuitesta.
Ceriodaphnia pulchella.
Bosmina longirostris.
Alona affinis.
Diaptomus denticornis.

Cyclops strenuus.
  » coronatus.
Anuræa aculeata.
  » cochlearis.
Conochilus volvox.
Polyarthra platyptera.
Ceratium hirundinella.
Dinobryon divergens.

FAUNULE ICHTHYOLOGIQUE

Perche, Gardon, Brochet (Berthoule).

Lac de Servières

Alt. : 1.200ᵐ. — Sup. : 15ʰ 54 (cadastre). — P. M. : 26ᵐ50. — Col. : V.

FLORULE SUPÉRIEURE

Ranunculus aquatilis.
  » trichophyllus.
Comarum palustre.
Myriophyllum spicatum.
Menyanthes trifoliata.

Littorella lacustris.
Polygonum amphibium.
Ceratophyllum demersum.
Potamogeton lucens.
  » natans.

Scirpus lacustris.
Carex ampullacea.
» *paludosa.*
Phalaris arundinacea.
Glyceria fluitans.
Equisetum palustre.
Isoetes lacustris.
» *echinospora.*
Hypnum cuspidatum.
Sphagnum cymbifolium.

Sphagnum fimbriatum.
» *subsecundum.*
» *teres.*
» *rigidum.*
» *tenellum.*
» *girgensohnii.*
» *acutifolium.*
» *recurvum.*
Chara fragilis.
Nitella flexilis.

FLORULE DIATOMIQUE

Cymbella cuspidata.
» *helvetica.*
Navicula gracilis.
» *iridis*.*
Epithemia argus.
Asterionella formosa.*
Cymatopleura elliptica.

Surirella biseriata, var.
elliptica *.
Surirella robusta.
» *gracilis.*
Melosira lirata *.
Cyclotella comensis *.

FAUNULE ICHTHYOLOGIQUE

F. nat.: Perche. — F. introduite: Truite.

Lac de Tazanat

Alt.: 625^m. — Sup.: 34^{hect} 60 (1). — P. M.: 66^m 60.
— P. R.: 1/8,83. — Long.: 700^m, larg. 630^m. — Cube:
14.255.000 ^{mc}. — Col.: VI. — Transp.: 11^m (28 juin 1892).
— Températures à la même date (Delebecque):

0^m	5^m	8^m	10^m	12^m	15^m	20^m	30^m	60^m
22°	18°8	14°3	10°6	9°2	6°2	5°4	4°7	4°5

Les eaux laissent un résidu sec par litre de 0^{gr} 0668.

FLORULE SUPÉRIEURE

Ranunculus aquatilis.
» *trichophyllus.*

Comarum palustre.
Veronica scutellata.

(1) Cf. la carte bathymétrique du lac *in* Delebecque, *loc. cit.*

Scutellaria gallericulata.
Littorella lacustris.
Scirpus lacustris.
 » acicularis.
Arundo phragmites.
Glyceria fluitans.

Hypnum cuspidatum.
Sphagnum subsecundum.
 » acutifolium.
Chara fragilis.
 » fœtida.

FLORULE DIATOMIQUE

Cocconeis lineata.
Gomphonema capitatum.
 » dichotomum.
Cymbella ehrenbergi.
 » cymbiformis.
Encyonema cœspitosum.
Stauroneis anceps.
 » dilatata.
Navicula radiosa.
 » cryptocephala.
 » elliptica.
 » cuspidata.
 » sphærophora.

Navicula amphisbœna.
 » pupula.
 » binodis.
Epithemia turgida.
Fragilaria capucina.
 » parasitica.
 » virescens.
Diatoma ehrenbergii.
 » hyemale.
Nitzschia amphibia.
Melosira orichalcea.
Cyclotella comta.

FAUNULE INFÉRIEURE

Daphnella brandtiana.
Daphnia longispina, var.
 affinis.
Bosmina longirostris.
Diaptomus denticornis.

Cyclops strenuus.
Asplanchna helvetica.
Polyarthra platyptera.
Ceratium hirundinella.
Peridinium tabulatum.

FAUNULE ICHTHYOLOGIQUE

Perche, Carpe, Brême, Tanche, Brochet. — On a tenté, mais sans succès, l'acclimatation de la Truite ordinaire.

APPENDICE

—

I

Les lacs disparus

Quelques-uns de nos lacs, comme nous l'avons vu, diminuent graduellement, comblés par les sédiments minéraux ou organiques, envahis par les formations tourbeuses ; leur bassin se rétrécit sans cesse, et l'on peut prévoir le temps où la nappe liquide aura été remplacée par une épaisse couche de verdure. Le lac d'Espinasse, qui paraît être un ancien cratère, s'est ainsi comblé ; ce n'est plus aujourd'hui qu'un simple marécage, une *narse*, pour employer une expression locale.

La disparition de certains lacs de barrage, tels que : Randanne, Verneuges, La Cassière, doit être attribuée en outre à une cause différente.

Les eaux, arrêtées par les coulées laviques, se sont frayé une voie plus large sous l'obstacle, quelquefois aidées par la main de l'homme ; le bassin, plus ou moins considérable, s'est alors desséché peu à peu. Mais à l'époque des grandes pluies, l'émissaire redevient trop faible pour écouler d'emblée la masse d'eau apportée. Un nouveau lac se forme d'une durée plus ou moins éphémère.

Le nombre des lacs disparus est assez élevé si l'on considère l'ensemble de notre région. L'accumulation des vases à Diatomées permet de retrouver bon nombre d'entre eux, alors que les caractères topographiques sont complètement effacés. Cette vase à Diatomées constitue la *Randannite,* dont on connaît l'utilisation industrielle et qui a été signalée pour la première fois à Ceyssat par Fournet en 1832.

L'étude de nos dépôts diatomifères a été faite en détail par Héribaud, aussi bien au point de vue de la détermination des espèces que des conditions de formation. Parmi eux, en effet, les uns sont intacts ; les autres, au contraire, représentent des lambeaux remaniés d'un vaste dépôt antérieur. Cette étude touche ainsi d'une façon intime à la Géologie de la région. Nous ne pouvons mieux faire que renvoyer le lecteur aux deux beaux mémoires de notre savant collègue, publiés pendant l'impression même de la présente étude. (*Diatomées fossiles d'Auvergne :* premier mémoire 1902, 80 p., 2 pl. ; second mémoire 1903, 166 p., 4 pl.) (1).

II

Documents bibliographiques relatifs aux Lacs d'Auvergne
(Partie biologique) (2)

1835   J.-B. Bouillet, *Catalogue des espèces et variétés de mollusques terrestres et fluviatiles observés jusqu'à ce jour à l'état vivant dans la Haute et la Basse-Auvergne (départements du Cantal, du Puy-de-Dôme et partie de celui de la Haute-Loire), suivi d'un autre catalogue des espèces fossiles recueillies récemment dans les diverses formations tertiaires des mêmes départements.* « Annales scientifiques, littéraires et industrielles », t. VIII, p. 521-666.

1836   J.-B. Bouillet, le même, tiré à part. Clermont-Ferrand, Thibaud-Landriot.

1854-58 H. Lecoq, *Etudes sur la Géographie botanique de l'Europe et en particulier sur la végétation du Plateau central de la France.* 9 volumes, Paris, J.-B. Baillière et fils.

1859   H. Lecoq, *Observation sur une grande espèce de Spongille du lac Pavin.* « Mém. Acad. des Sciences, Belles-Lettres et Arts de Clermont-Ferrand », 20 p.

(1) Les dépôts étudiés par Héribaud sont les suivants :
Puy-de-Dôme : Puy-de-Mur (Aquitanien), Saint-Saturnin, Randanne, Ceyssat, Creux-Mortier, Ponteix, Rouilhas-Bas, Les Queyrades, La Cassière, Verneuges, Perrier (Pliocène), Varenne (Pliocène), La Bourboule (Pliocène), Les Egravats (Pliocène), Vassivières.
Cantal : Celles (Pliocène), La Bade (Pliocène), Aurillac (Pliocène), Neussargues (Miocène), Joursac (Miocène), Andelat (Miocène), Chambeuil (Miocène), Fraisse-Bas (Miocène), Faufouilhoux (Miocène), Sainte-Anastasie (Miocène), Moissac (Miocène).
Haute-Loire : Ceyssac, Vals, Monastier, La Roche-Lambert (Miocènes).
Ardèche : Gourgouras, Charay, Ranc, Pouchères (Miocènes).

(2) Pour la bibliographie botanique détaillée, cf. Ant. Lauby, *Botanique du Cantal, bio-bibliographie analytique, suivie d'une liste des végétaux vivants et fossiles nouveaux pour cette région.* « Revue de la Haute-Auvergne », Aurillac, et tiré à part, Paris, Baillière, 1903.

1861-62 J. GAY, *Une excursion botanique à l'Aubrac et au Mont-Dore, principalement pour la recherche des Isoetes du Plateau central de la France.* « Bull. Soc. Bot. », t. VIII, p. 508, 541, 619 ; t. IX, p. 18, 78.

1871   H. LECOQ, *L'eau sur le Plateau central de la France.* 1 vol., 394 p., 2 pl., Paris, J.-B. Baillière et fils.

1875-80 M. LAMOTTE, *Prodrome de la flore du Plateau central.* « Mém. Acad. des Sciences, Belles-Lettres et Arts de Clermont-Ferrand ».

1876   B. RICO, *L'Aquiculture en Auvergne.* « Soc. Acclim. », 27 p.

1877-81 M. LAMOTTE, *Prodrome de la flore du Plateau central de la France.* Paris, Masson.

1880   Emile BLANCHARD, *Les Poissons des eaux douces de la France.* 1 vol., J.-B. Baillière et fils.

1883   F. GUSTAVE et HÉRIBAUD-JOSEPH, *Flore d'Auvergne.* 1 vol., 576 p., Clermont-Ferrand, Bellet.

1887   J. RICHARD, *Cladocères et Copépodes d'eau douce observés en France.* « Bull. S. Z. F. », p. 156.

1887-88 Dr P. GIROD, *Les Eponges des eaux douces d'Auvergne.* « Rev. d'Auvergne » et tiré à part (1).

1887-88 J. RICHARD, *Recherches sur la Faune des eaux du Plateau central.* « Rev. d'Auvergne » (1).

1887-88 J.-B.-A. EUSÉBIO, *La Faune pélagique des lacs d'Auvergne.* « Rev. d'Auvergne » (1).

1888   F. RENAULD, *Notice sur une Fontinalis d'Auvergne.* « Rev. bryol. », p. 69.

1888   J. RICHARD, *Entomostracés nouveaux ou peu connus.* « Bull. S. Z. F. », 28 févr.

1888   J. RICHARD, *Cladocères et Copépodes non marins de la faune française.* « Rev. scient. du Bourbonnais et du Centre », mars-avril.

     Diverses notes du même auteur dans les C. R. de l'Académie des Sciences : 14 nov. 1887 ; 12 déc. 1887 ; 22 févr. 1888 ; 17 juillet 1893.

1890   A. GOBIN, *Naturalisation de poissons aux Settons (Nièvre) et au lac Chauvet (Puy-de-Dôme).* « Bull. Pisc. », p. 116, 126, 137.

(1) *Travaux du laboratoire du Dr Paul Girod*, t. I, 1887-1888, 1 vol. avec pl., Clermont, 1888.

1890   A. Berthoule, *Les Lacs d'Auvergne*. « Rev. des Sciences nat. appliquées », tiré à part, 1 vol., 136 p., Paris. Au siège de la « Société nationale d'acclimation » (appendices de J. Richard et L.-F. Henneguy).

1891   Dumas-Damon, *Plantes nouvelles pour la Flore d'Auvergne :* Stations de plantes rares déjà cataloguées ; espèces et variétés intéressantes, nouvelles pour la flore du département du Puy-de-Dôme, non encore comprises dans les flores ou catalogues. « Rev. d'Auv. », p. 321.

1891-92   A. Delebecque, *Atlas des Lacs français*. Paris, ministère des travaux publics.

1892   J.-B.-M. Bielawski, *Les tourbières et la tourbe*. 1 vol., 194 p., Clermont-Ferrand, Montlouis.

1892   P. Gautier et C. Bruyant, *Observations scientifiques sur le creux de Soucy*. « Rev. d'Auv. », p. 397, 1 pl.

1892   F. Héribaud-Joseph, *Addition à la Flore d'Auvergne*. « Bull. Soc. Bot. », p. 23.

1892   F. Héribaud-Joseph, *Supplément à la Flore d'Auvergne*. Réuni à la flore d'Auvergne.

1893   Dr P. Girod, *Recherches sur la respiration des Hydrachnides parasites*. « A. F. A. S. », Besançon, t. I, p. 248.

1893   Dr P. Girod, *La Station biologique des monts Dore d'Auvergne*. « A. F. A. S. », Besançon, t. I, p. 255.

1893   Dr P. Girod, *Alimentation de la Truite*. « A. F. A. S. », Besançon, t. I, p. 256.

1893   C. Bruyant, *Note sur un Hémiptère aquatique recueilli au lac Chauvet*. « A. F. A. S. », Besançon, t. I, p. 251.

1893   C. Bruyant, *Note sur la Faune supérieure des lacs d'Auvergne*. « A. F. A. S. », Besançon, t. I, p. 255.

1893   C. Bruyant, *L'Auvergne au Congrès de Besançon* (résumé des notes précédentes). « Rev. d'Auv. », p. 417.

1893   F. Héribaud-Joseph, *Les Diatomées d'Auvergne*. « Rev. d'Auv. », tiré à part, 1 vol. 256 p., 6 pl., Paris, Clermont. (Bibliographie des travaux antérieurs.)

1894   F. Héribaud-Joseph, *De l'influence de la lumière et de l'altitude sur la striation des valves de Diatomées*. C. R., 8 janvier.

1894   F. Héribaud-Joseph, *Nouvelles additions à la Flore d'Auvergne*. « Soc. Bot. », 23 nov.

1894   C. Bruyant, *Contribution à l'étude des Lacs d'Auvergne.* « Rev. d'Auv. », tiré à part sous le titre : *Bibliographie raisonnée de la Flore et de la Faune limn. de l'Auvergne.* 92 p., 4 pl.

1894   C. Bruyant, *Observations sur la Flore lacustre d'Auvergne.* « Le Naturaliste », p. 142.

1894   C. Bruyant, *Note sur un Hémiptère aquatique stridulant.* « C. R. », 5 février.

1895   J. Richard, *Contribution à la faune des Entomostracés de France.* « F. J. N. », nᵒˢ 294 et 295.

1895-96 J. Richard, *Révision des Cladocères.* « Ann. Sc. nat. Zoologie », 7ᵉ série, t. XVIII, p. 279, pl. 15 et 16 ; 8ᵉ série, t. II, p. 187, pl. 20-25.

1896   C. Bruyant, *Stations limnologiques et Aquiculture.* « C. R. Congrès international d'ostreiculture, pisciculture et pêche de 1895 », p. 100, Bordeaux, Plagnes et Cⁱᵉ.

1896   Divers, *L'Auvergne aux Congrès de 1896. Documents, notes, itinéraires.* « Rev. d'Auv. », tiré à part, 1 vol. 340 p., 12 pl., Clermont.

1896   L. Gobin, *Essai sur la Géographie de l'Auvergne.* « Mém. Ac. Sc., Belles-Lettres et Arts de Clermont », 2ᵉ série, fasc. IX, 1 vol., 414 p., 15 pl.

1896   Gomont, *Contribution à la Flore algologique de la Haute-Auvergne.* « Bull. Soc. Bot. », p. 373.

1896   Dʳ A. Magnin, *Essai d'une révision des Potamots de France, notamment de ceux de l'Est.* « Bull. Soc. Bot. », p. 442.

1897   L. Duchasseint, *Matériaux pour la Faune d'Auvergne ; notes ichthyologiques.* « Rev. du Bourb. et du Centre », p. 205.

1897   Dʳ A. Magnin, *Sur quelques Potamots de la flore franco-helvétique.* « Bull. Herbier Boissier », nᵒ 6, p. 412.

1898   A. Delebecque, *Les Lacs français.* 1 vol. 436 p., 153 fig., 22 pl., Paris, Chamerot et Renouard.

1898   C. Bruyant, *Atlas de Géographie biologique.* « Congrès Soc. Sav. ».

1898   C. Bruyant, *Utilisation des Lacs d'Auvergne au point de vue de la pisciculture.* « Congrès Soc. Sav. ».

1898   C. Bruyant, *Note sur les mœurs de la Truite et du Vairon dans les lacs d'Auvergne.* « Bull. Soc. centr. Aquiculture », p. 102.

1898   C. Bruyant, *Introduction à la Faune de l'Auvergne : notes de géographie biologique*. « Rev. scient. du Bourb. et du Centre », p. 5, 41, 115, 129.

1899   Dr P. Girod, *Considérations sur la distribution géographique des Spongilles d'Europe*. « Bull. S. Z. F. », p. 51.

1899   F. Héribaud-Joseph, *Les Muscinées d'Auvergne*. « Mém. Ac. Sc., Belles-Lettres et Arts de Clermont », 2e série, fasc. XIV, 1 vol., 544 p. (Bibliographie des travaux antérieurs).

1899   C. Bruyant, *Contributions à l'étude de la Géographie zoologique de l'Auvergne*. « Bull. S. Z. F. », p. 46 ; « Bull. Soc. Entomologique », p. 93 ; « Bull. hist. et scient. de l'Auvergne », p. 119.

1900   C. Bruyant, *La Station limnologique de Besse*. « Revue internationale de l'enseignement ».

1900   C. Bruyant, *La Station limnologique de Besse*. « Bull. Soc. centr. Aquic. », p. 121.

1900   C. Bruyant, *Sur les variations du Plancton au lac Chauvet*. « C. R. », 2 janvier.

1900   C. Bruyant, *Premières recherches sur le Plancton des lacs d'Auvergne*. « Rev. d'Auv. », p. 339.

1900   C. Bruyant et J.-B.-A. Eusébio, *Sur la Faune halophile de l'Auvergne*. « C. R. », 22 janvier.

1901   Boule, Glangeaud, Rouchon, Vernière, *Le Puy-de-Dôme et Vichy*. « Guide du naturaliste, du touriste et de l'archéologue », Paris, Masson.

1901   Chevreux, *Amphipodes des eaux souterraines de France*. « Bull. S. Z. F. », p. 174.

1901   J.-B.-A. Eusébio, *Les Lacs d'Auvergne*. « Le Pêcheur », mai.

1901   F. Héribaud-Joseph, *La Flore d'Auvergne en 1901*. « Bull. Soc. Bot. », 26 juillet.

1902   F. Héribaud-Joseph, *Les Diatomées fossiles d'Auvergne*. « Rev. d'Auv. » et tiré à part, 80 p., 2 pl., Paris, Clermont.

1902   C. Bruyant, *Les Lacs d'Auvergne et la Pisciculture*. « Bull. Soc. centr. Aquic. », p. 117.

1902   C. Bruyant, *Sur la Végétation du lac Pavin*. « C. R. », 29 décembre.

III

Index alphabétique des espèces et des genres cités

C

Calamagrostris lanceolata Roth.
Callitriche hamulata Kützing.
   »   *stagnalis* Scopoli.
   »   *vernalis* Kützing.
Camptocercus rectirostris Schœdler.
Canthocamptus staphylinus Jurine.
Carex ampullacea Goodenough.
   »   *chordorhiza* Ehrhart.
   »   *filiformis* Linné.
   »   *limosa* Linné.
   »   *paludosa* Goodenough.
   »   *pauciflora* Lightfoot.
   »   *riparia* Curtis.
   »   *vesicaria* Linné.
Ceratium hirundinella O. F. Müller.
Ceratoneis arcus Kützing.
Ceratophyllum demersum Linné.
   »   *submersum* Linné.
Ceriodaphnia pulchella O. Sars.
   »   *reticulata* Jurine.
Chætogaster von Baer.
Chara braunii Gmelin.
   »   *fœtida* A. Braun.
   »   *fragilis* Desveaux.
Chironomus Meigen.
Chloroperla grammatica Scopoli :
   Perla virescens Pictet.
Chondrostoma cœrulescens Blanchard.
Chondrostoma genei Bonaparte.
   »   *nasus* Linné.
   »   *rhodanensis* Blanchard.
Chydorus sphœricus Jurine.
Cicuta virosa Linné.
Cinclidotus fontinaloides Palisot de Beauvois.
Climatium dendroides Weber et Mohr.
Cobitis barbatula Linné.
   »   *tœnia* Linné.
Cocconeis lineata Grunow.
   »   *pediculus* Ehrenberg.
   »   *placentula* Ehrenberg.
Comarum palustre Linné.

Conochilus volvox Ehrenberg.
Coregonus albus Valenciennes.
   »   *fera* Jurine.
   »   *marœna* Hartmann.
Corethra plumicornis Fabricius.
Corixa fabricii Fieber.
   »   *striata* Linné.
Cottus gobio Linné.
Cybisteter laterimarginalis de Geer.
Cyclops coronatus Claus.
   »   *serrulatus* Fischer.
   »   *strenuus* Fischer.
Cyclotella bodanica Eulenstein.
   »   *comensis* Grunow.
   »   *comta* Kützing.
   »   »   var. *arverna* M. Peragallo et J. Brun.
   »   *Kutzingiana* Thwaites.
   »   *operculata* Kützing.
   »   »   var. *antiqua* W. Smith.
   »   *stelligera* Clève.
Cymatopleura solea de Brébisson.
Cymbella affinis Kützing.
   »   *amphicephala* Nægeli.
   »   *anglica* Lagerstedt.
   »   *aspera* Ehrenberg.
   »   *cistula* Hempricht.
   »   *cuspidata* Kützing.
   »   *cymbiformis* Ehrenberg.
   »   *ehrenbergii* Gregory.
   »   *gastroides* Kützing.
   »   *helvetica* Kützing.
   »   *lanceolata* Ehrenberg.
   »   *maculata* Kützing.
   »   *microcephala* Grunow.
   »   *naviculiformis* Auerswald
   »   *parva* W. Smith.
   »   *subœqualis* Grunow.
   »   *tumida* de Brébisson.
Cyprinus carpio Linné.

D

Daphnella brandtiana Fischer.
Daphnia longispina Sars.

Daphnia longispina v. *affinis* Sars.
»　　　» 　v. *littoralis* Sars.
»　　　» 　v. *tenuitesta* Sars.
Dendrocœlum lacteum Œrstedt.
Denticula inflata W. Smith.
　» 　*tenuis* Kützing.
Diamphipnoa lichenalis Gerstaeker.
Diaptomus cœruleus Fischer.
　» 　*denticornis* Wierzejski.
　» 　*laciniatus* Lilljeborg.
Diatoma anceps Grunow.
　» 　*ehrenbergii* Gregory.
　» 　*hiemale* Heiberg.
　» 　*tenue* Agardh.
　» 　*vulgare* Bory.
Dinobryum divergens Imhof.
Donacia Fabricius.
Dreyssensia arnouldi Bourguignat.
　» 　*belgrandi* Bourguignat.
　» 　*fluviatilis* Pallas.
Dryops substriatus Müller.
Dytiscus dimidiatus Bergstrœsser.
　» 　*marginalis* Linné.
　» 　*punctulatus* Fabricius.

E

Elatine hexandra de Candolle.
Elmis œneus Müller.
　» 　*mülleri* Erichson.
　» 　*opacus* Müller.
　» 　*parallelipipedus* Müller.
　» 　*pygmœus* Müller.
　» 　*wolkmari* Panzer.
Encyonema cœspitosum Kützing.
　» 　*prostratum* Ralfs.
　» 　*ventricosum* Kützing.
Ephemera Linné.
Ephydatia fluviatilis Linné.
　» 　*mülleri* Lieberkühn.
Epistylis Stein.
Epithemia argus Kützing.
　» 　» 　v. *amphicephala*
　　　　　　Grunow.
　» 　*gibba* Ehrenberg.
　» 　*ocellata* Ehrenberg.

Epithemia sorex Kützing.
　» 　*turgida* Kützing.
　» 　» 　var. *granulata*
　　　　　　Grunow.
　» 　*westermannii* Kützing.
　» 　*zebra* Kützing.
　» 　» 　v. *undulata* M. Pe-
　　　　　　ragallo et Héribaud.
Equisetum limosum Linné.
　» 　*palustre* Linné.
Eriophorum gracile Roth.
Eristalis Latreille.
Esox lucius Linné.
Eunotia arcus Ehrenberg.
　» 　» 　v. *plicata* J. Brun et
　　　　　　Héribaud.
　» 　*gracilis* Rabenhorst.
　» 　*incisa* Gregory.
　» 　*lunaris* Grunow.
　» 　*paludosa* Grunow.
　» 　*pectinalis* Rabenhorst.
　» 　*robusta* Ralfs.
Eurhynchium rusciforme Milde.
Eurycercus lamellatus O. F. Müller.

F

Flesus passer Risso (*Pleuronéctes flesus* Linné).
Fontinalis antipyretica Linné.
　» 　*arvernica* Renauld.
　» 　*squamosa* Linné.
Fragilaria œqualis Lagerstedt.
　» 　*binodis* Ehrenberg.
　» 　*brevistriata* Grunow.
　» 　*capucina* Desmazières.
　» 　*construens* Grunow.
　» 　*elliptica* Schumann.
　» 　*mutabilis* Grunow.
　» 　*nitzschioides* Grunow.
　» 　» 　v. *brasilien-*
　　　　　　sis Grunow.
　» 　*parasitica* Grunow.
　» 　*producta* Grunow.
　» 　*striatula* Lyngbye.
　» 　*virescens* Ralfs.

G

Gammarus Fabricius.
Gasterosteus leiurus Cuvier et Valenciennes.
  »   »   v. *brachycentrus* Cuvier et Valenciennes.
Gasterosteus leiurus v. *elegans* Blanchard.
  »   *pungitius* Linné.
Gerris costæ Herrich-Schœffer.
  »   *gibbifera* Schummel.
  »   *najas* de Geer.
  »   *odontogaster* Zetterstedt.
  »   *paludum* Fabricius.
  »   *thoracica* Schummel.
Glyceria fluitans Robert Brown.
Gobio fluviatilis Cuvier et Valenciennes.
Gomphonema acuminatum Ehrenberg.
  »   *affine* Kützing.
  »   *augur* Ehrenberg.
  »   *brebissonii* Kützing.
  »   *capitatum* Ehrenberg.
  »   *commutatum* Grunow.
  »   *constrictum* Ehrenberg.
  »   *intricatum* Kützing.
  »   *mustela* Ehrenberg.
  »   *olivaceum* Ehrenberg.
  »   *subclavatum* Grunow
  »   *vibrio* Ehrenberg.
Gordius Linné.
Grunowia tabellaria Rabenhorst.
Gyrinus dorsalis Gyllenhall.
  »   *marinus* Gyllenhall.
  »   *natator* Ahrens.
  »   *urinator* Illiger.

H

Hantzchia amphioxys Grunow.
  »   *elongata* Grunow.

Helochares lividus Fœrster.
Helophilus Meigen.
Henicocerus exsculptus Germar.
Heterocerus fossor Kiesenweter.
Holopedium gibberum Zaddach.
Hyalodaphnia apicata Kurz.
Hydra rubra Lewes.
Hydrocotyle vulgaris Linné.
Hydroporus celatus Bedel.
  »   *davisi* Curtis.
  »   *discretus* Fairmaire.
  »   *duodecimpustulatus* Fabricius.
  »   *elegans* Sturm.
  »   *geminus* Fabricius.
  »   *marginatus* Duftschmidt.
  »   *minutissimus* Germar.
  »   *nigrita* Fabricius.
  »   *planus* Fabricius.
  »   *sanmarki* Sahlberg.
  »   *semirufus* Germar.
Hydroscapha Leconte.
Hydrous caraboïdes Linné (*Hydrophilus*).
Hygrotus inæqualis Fabricius.
Hydræna gracilis Germar.
  »   *nigrita* Germar.
  »   *producta* Mulsant.
  »   *riparia* Kugelann.
Hypnum aduncum Hedwig.
  »   *cuspidatum* Linné.
  »   *dilatatum* Wilson.
  »   *fluitans* Linné.
  »   *kneiffii* Schimper.
  »   *nitens* Schreber.
  »   *ochraceum* Turner.
  »   *scorpioides* Linné.
  »   *stramineum* Dickson.
  »   *vernicosum* Lindberg.

I

Ilybius ater de Geer.
Isoetes echinospora Durieu de Maisonneuve.
  »   *lacustris* Linné.

L

Laccobius alutaceus Thomson.
» minutus Linné.
» nigriceps Thomson.
» sinuatus Motschulsky.
Laccophilus obscurus Panzer.
Leptodora hyalina Lilljeborg.
Leuciscus rutilus Linné.
Ligularia sibirica Cassini.
Limnœa auricularia Linné.
» stagnalis Linné.
» vulgaris Pfeiffer.
Limnichus pygmeus Sturm.
Limnius dargelasi Latreille.
Limnobia Meigen.
Limnodytes gerriphagus Marchal.
Limnophila Macquart.
Limnophilus Leach.
Littorella lacustris Linné.
Lota vulgaris Cuvier.
Lycopodium inundatum Linné.

M

Macrostoma viride Ed. van Bene-
den.
Margaritana elongata Lamarck.
Mastogloia smithii Thwaites.
Melosira crenulata Kützing.
» » v. valida Grunow.
» granulata Ehrenberg.
» lirata Ehrenberg.
» orichalcea Mertens.
» tenuis Grunow.
» varians Agardh.
Mentha aquatica Linné.
» palustris Mœnch.
Menyanthes trifoliata Linné.
Meridion circulare Agardh.
Mesostoma segne Fuhrmann.
Microstoma canum Fuhrmann.
Myriophyllum alterniflorum de
Candolle.
» spicatum Linné.
» verticillatum Linné.

N

Narthecium ossifragum Hudson.
Navicula affinis Ehrenberg.
» ambigua Ehrenberg.
» amphirhynchus Ehrenberg
» amphisbœna Bory.
» binodis W. Smith.
» borealis Kützing.
» brebissonii Kützing.
» cesatii Rabenhorst.
» crassinervia de Brebisson.
» cryptocephala Kützing.
» cuspidata Kützing.
» dactylus Ehrenberg.
» elliptica Kützing.
» » v. oblongella Næ-
geli.
» exilis Grunow.
» gracilis Ehrenberg.
» humilis Donkin.
» iridis Ehrenberg.
» limosa Kützing.
» longa Gregory.
» major Kützing.
» mesolepta Ehrenberg.
» mutica Kützing.
» nobilis Ehrenberg.
» parva Grunow.
» patula W. Smith.
» pupula Kützing.
» radiosa Kützing.
» rhomboides Ehrenberg.
» serians Kützing.
» sphaeroptera Grunow.
» tenella de Brebisson.
» termes Ehrenberg.
» » v. stauroneiformis
Van Heurck.
» viridis Kützing.
» viridula Kützing.
» vulgaris Heib.
Nemoura cinerea Olivier.
» lateralis Pictet.
Nitella arvernica Hy.
» flexilis Agardh.
» syncarpa Cosson et Germain.

Nitella tenuissima Kützing.
Nitzchia amphibia Grunow.
» *angustata* W. Smith.
» *linearis* W. Smith.
» *obtusa* W. Smith.
» *sinuata* Grunow.
» *tryblionella* Hantsch.
Notholca lonsispina Kellicott.
Notonecta Linné.
Nuphar luteum Smith.
» *pumilum* Smith.
Nymphœa alba Linné.
» *minor* Reichenbach.

O

Ochthebius foveolatus Germar.
Œcistes pilula Ehrenberg.
Orechtochilus villosus Fabricius.
Orthotrichum rivulare Turner.
Oxycoccos palustris Persoon.

P

Palingenia Burmeister.
Parnus lutulentus Erichson.
» *niveus* Heer.
» *obscurus* Duftschmidt.
» *prolifericornis* Fabricius.
Perca fluviatilis Linné.
Peridinium tabulatum Ehrenberg.
Perla cephalotes Curtis.
» *marginata* Panzer.
» *maxima* Scopoli.
» *virescens* Pictet : *Chloroperla grammatica* Scopoli.
Petromyzon fluviatilis Linné.
» *marinus* Linné.
» *planeri* Bloch.
Phalaris arundinacea Linné.
Phoxinus lœvis Agassiz.
» » v. *montanus* Oge-
rien.
Physa Draparnaud.
Pisidium henslowianum Leach.
Planaria alpina Dana.

Planaria gonocephala Dugès.
» *subtentaculata* Dugès.
Planorbis Guettard.
Pleurosigma spencerii W. Smith.
Pleuroxus excisus Fischer.
» *nanus* Baird.
» *personatus* Leydig.
» *trigonellus* O. F. Müller.
» *truncatus* O. F. Müller.
Polynema natans Lubbock.
Polyarthra platyptera Ehrenberg.
Polycelis cornuta Johnson.
» *nigra* Ehrenberg.
Polygonum amphibium Linné.
Polyphemus pediculus de Geer.
Polytrichum commune Linné.
Potamanthus Pictet.
Potamogeton crispus Linné.
» *densus* Linné.
» *gramineus* Linné.
» *lucens* Linné.
» » v. *longifolius* Gay.
» *natans* Linné.
» » var. *fluitans* de Candolle.
» *perfoliatus* Linné.
» *prælongus* Wulfen.
» *pusillus* Linné.
» *rufescens* Schrad.
Prestwichia aquatica Lubbock.
Prosopistoma Latreille.
Pteronarcys regalis Newmann.

R

Ranunculus aquatilis Linné.
» *fluitans* de Lamarck.
» *trichophyllus* Chaix.
Rhodeus amarus Agassiz.
Rhoicosphenia curvata Grunow.

S

Salmo fario Linné : *Trutta fario* L.
» *hamatus* Cuvier (forme du S. salar).

Salmo irideus Gibbons.
» *lacustris* Linné.
» *levenensis* Walker.
» *salar* Linné.
» *trutta* Linné: *Trutta marina* Duhamel: *Trutta argentea* Valenciennes.
Salvelinus hucho Linné.
» *umbla* Linné.
» *fontinalis* Mitchell.
Scardinius erythrophthalmus Linné.
Scheuchzeria palustris Linné.
Scirpus acicularis Linné.
» *fluitans* Linné.
» *lacustris* Linné.
Scutellaria gallericulata Linné.
Sida crystallina O. F. Müller.
» *limnetica* G. Burckhardt.
Sigara minutissima Linné.
Simocephalus vetulus O. F. Müller.
Simulium Latreille.
Sium latifolium Linné.
Sparganium minimum Fries.
» *ramosum* Hudson.
Sphagnum acutifolium Ehrart.
» *cymbifolium* Ehrart.
» *fimbriatum* Wilson.
» *girgensohnii* Russow.
» *recurvum* Palisot de Beauvois.
» *rigidum* Schimper.
» *squarrosum* Persoon.
» *subsecundum* Nees.
» *tenellum* Bridel.
» *teres* Angstrœm.
Spongilla fragilis Leydig.
» *lacustris* Linné.
» » v. *jordaniensis* Vejdowski.
Squalius agassizi Heckel (*Squalius aphya* Hartmann).
» *cephalus* Linné.
» *leuciscus* Linné.
» *souffia* Moreau: *Squalius agassizi* Heckel.
Stauroneis anceps Ehrenberg.

Stauroneis bruni M. Peragallo et Héribaud.
» *dilatata* W. Smith.
» *gallica* M. Peragallo et Héribaud.
» *phœnicenteron* Ehrenberg.
Stratiomys Geoffroy.
Streblocerus serricaudatus Fischer.
Stylaria lacustris Linné.
Surirella biseriata de Brebisson.
» » v. *elliptica* P. Petit.
» *elegans* Ehrenberg.
» *gracilis* Grunow.
» *robusta* Ehrenberg.
» *saxonica* Auerswald.
» *splendida* Ehrenberg.
Sympetrum scoticum Donovan.
Synedra acuta Kützing.
» *barbatula* Kützing.
» *capitata* Ehrenberg.
» *delicatissima* W. Smith.
» *gracilis* Kützing.
» *radians* Kützing.
» *ulna* Ehrenberg.
» » var. *longissima* W. Smith.
» *vaucheriæ* Kützing.
» » v. *parvula* Kützing.
» » v. *truncata* Kützing.

T

Tabellaria fenestrata Kützing.
» *flocculosa* Kützing.
Tanysphyrus Germar.
Thamnium alopecurum, Bryologic européenne.
» » v. *lemani* Schnetzler.
Theodoxia fluviatilis Linné.
Thymallus vexillifer Agassiz: *Th. vulgaris* Nilsson.

Tinca vulgaris Cuvier.
Triarthra longiseta Ehrenberg.
Trochospongilla horrida Weltner.
Trutta fario L.: *Salmo fario* L.
Trutta marina Duhamel: *Salmo
trutta* L.

U

Unio adonus Servain.
  » *amnicus* Ziegler.
  » *astierianus* Dupuy.
  » *balbignyanus* Locard.
  » *batavellus* Locard.
  » *batavus* Maton et Racket.
  » *bigorriensis* Millet.
  » *brindosopsis* Locard.
  » *crassatellus* Bouguignat.
  » *crassus* Philipsson.
  » *gestroianus* Bourguignat.
  » *hospitali* Locard.
  » *hydrelus* Locard.
  » *lamboltei* Malzine.

Unio manculus Locard.
  » *mancus* de Lamark.
  » *melas* Coutagne.
  » *mucidellus* Bourguignat.
  » *nanus* de Lamarck.
  » *pacomei* Bourguignat.
  » *rathymus* Bourguignat.
  » *rhomboideus* Schrœter.
  » *rostratellus* Bourguignat.
  » *rotundatus* Mauduyt.
  » *senauxii* Bourguignat.
  » *tumidus* Philipsson.
Utricularia minor Linné.
  »   *vulgaris* Linné.

V

Valvata Müller.
Velia currens Fabricius.
Veronica scutellata Linné.
Vivipara de Lamarck.
Vortex truncatus Ehrenberg.
Vorticella Linné.

TABLE DES CHAPITRES

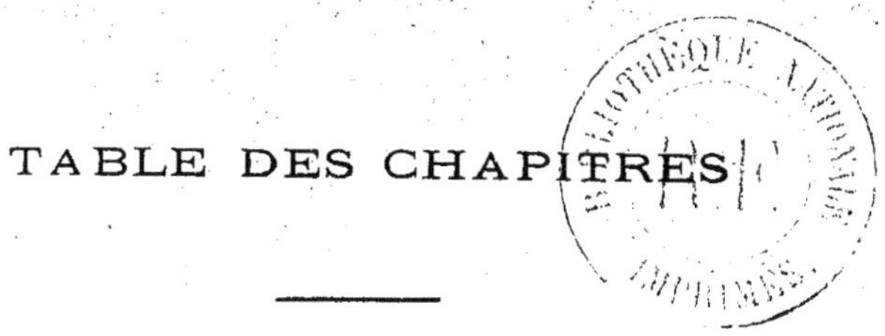

Clermont-Ferrand, imprimerie Bellet. — 8873.

CLERMONT-FERRAND
Imprimerie L. Bellet
Avenue Carnot, 4